AF254192

ICONOGRAPHIE
DES CHENILLES,

HISTOIRE NATURELLE

DES

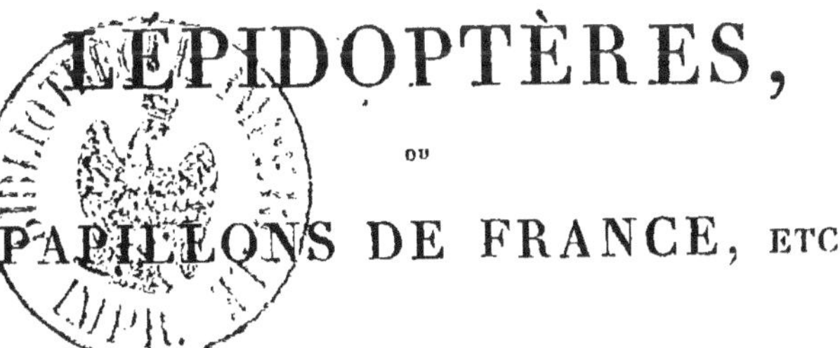

LÉPIDOPTÈRES,

OU

PAPILLONS DE FRANCE, ETC.

Prospectus.

Beaucoup de souscripteurs à l'Histoire naturelle des Lépidoptères de France nous ont souvent témoigné le regret de ce que sa partie iconographique ne représentait pas, avec le papillon, sa chenille et sa chrysalide. En effet, bien que le texte donne de ces dernières des descriptions aussi claires que possible, il faut convenir que rien ne peut égaler l'avantage de bonnes figures, surtout pour ceux qui ne cherchent qu'un délassement dans l'étude de cette partie de l'entomologie ; et comme c'est à eux principalement que cet ouvrage est destiné, il n'est pas douteux qu'il ne remplira entièrement son objet que lorsqu'il sera complété par une Iconographie des chenilles. Mais il n'en est pas de cette Iconographie comme de celle des papillons : ceux-ci, conservant leur forme et leurs couleurs, quoique desséchés, peuvent être dessinés après leur mort ; les chenilles ne peuvent l'être que vivantes, par conséquent à l'époque de leur apparition, et à mesure qu'on parvient à se les procurer, chose qui n'est pas toujours facile. On peut, il est vrai, en conserver quelques-unes dans l'esprit-de-vin ou bien les souffler ; mais ces deux procédés les altèrent tellement que des dessins faits d'après des chenilles ainsi conservées, ne donneraient qu'une idée très-imparfaite de ce qu'elles sont dans l'état de vie.

On voit donc qu'avant d'entreprendre une Iconographie semblable, il fallait s'y préparer de longue main par de nombreux dessins faits d'après la nature vivante, afin de mettre de l'ordre et d'éviter les interruptions dans sa publication. C'est après avoir suivi cette marche, que nous sommes aujourd'hui en mesure de pouvoir commencer cette publication ; elle se composera de 800 chenilles, environ, qui, d'après nos calculs, pourront être contenues dans 170 à 180 planches, dont 3 par livraison, ce qui fera 50 à 60 livraisons au plus, pour tout l'ouvrage. Nous ferons observer ici qu'il serait difficile de réduire ce nombre de planches, attendu qu'indépendamment de ce que beaucoup de chenilles sont de très-grande taille, comme celles des *Sphinx* et de plusieurs *Bombix*, il faudra figurer pour chaque espèce, outre la chenille, sa chrysalide, souvent sa coque, et toujours une petite portion de la plante dont elle se nourrit, pour l'utilité des personnes étrangères à la botanique.

Cette Iconographie sera divisée en trois parties, comme l'ouvrage auquel elle se rattache, c'est-à-dire en *Diurnes*, *Crépusculaires* et *Nocturnes*, et sa publication commencera par les Diurnes, dont on ne connaît encore que 100 chenilles au plus, qui pourront être figurées en vingt-quatre planches.

Chaque livraison, quoique composée de trois planches, ne coûtera que trois francs comme celle de papillons; elle sera accompagnée d'un texte succinct qui renverra pour les détails à la première partie de l'ouvrage, lorsque la chenille figurée s'y trouvera décrite, et n'en donnera une histoire complète que lorsque l'espèce sera nouvelle. Dans tous les cas le texte fournira sur chaque chenille figurée les renseignements suivants, savoir : son nom, celui de la plante dont elle se nourrit, l'endroit où on la trouve, l'époque de son apparition, celle de sa transformation en chrysalide, et enfin celle de l'éclosion de son papillon.

Au reste, cette Iconographie sera conçue de manière que, tout en formant le complément indispensable de l'Histoire naturelle des Lépidoptères de France, elle pourra en être détachée et se vendre séparément aux personnes qui n'auraient pas souscrit à ce dernier ouvrage.

La première livraison paraîtra dans le courant de février, et les autres suivront à des intervalles très-rapprochés.

Le texte sera rédigé par M. DUPONCHEL, avec cette précision dont il a fait preuve dans l'Histoire des Lépidoptères, et, comme dans cet ouvrage, les figures seront exécutées, sous sa direction, par M. DUMÉNIL, l'un de nos premiers peintres d'histoire naturelle, qui en surveillera lui-même la gravure, l'impression et le coloris, avec le plus grand soin.

Prix de la livraison prise à Paris....... 3 fr.
Papier vélin, fig. coloriées et au bistre.. 6 fr.
Pour l'affranchissement par la poste, on ajoutera 25 cent.

ON SOUSCRIT

A PARIS, CHEZ MÉQUIGNON-MARVIS,

ÉDITEUR DE L'ICONOGRAPHIE DES LÉPIDOPTÈRES DE FRANCE
ET DES COLÉOPTÈRES D'EUROPE,
Rue du Jardinet, N° 13.

SOUS PRESSE:

CATALOGUE de la collection de Coléoptères de M. le Comte Dejean, qui formera 24 feuilles d'impression environ.

L'exécution de cet ouvrage demandant beaucoup de temps, pour la commodité de MM. les Naturalistes il paraîtra par livraisons de 2 feuilles du prix de 1 fr. 25 c.

La première sera en vente dans la première quinzaine de février.

IMPRIMERIE DE FIRMIN DIDOT FRÈRES,
RUE JACOB, N° 24.

ICONOGRAPHIE

ET

HISTOIRE NATURELLE

DES CHENILLES.

—

TOME PREMIER.

(DIURNES.)

PARIS. — Imprimerie de L. MARTINET, rue Mignon, 2
(quartier de l'Ecole-de-Médecine).

ICONOGRAPHIE

ET

HISTOIRE NATURELLE

DES

CHENILLES

POUR SERVIR DE COMPLÉMENT

A L'HISTOIRE NATURELLE DES LÉPIDOPTÈRES

OU PAPILLONS DE FRANCE,

DE MM. GODART ET DUPONCHEL;

PAR

M. P.-A.-J. DUPONCHEL,

Correspondant de l'Académie des Georgofili de Florence, membre de la Société
d'histoire naturelle de Paris, et de la Société entomologique de France, etc.

TOME PREMIER.

(DIURNES)

Avec 36 planches coloriées représentant 100 variétés.

PARIS,

GERMER BAILLIÈRE, LIBRAIRE-ÉDITEUR,

17, RUE DE L'ÉCOLE-DE-MÉDECINE;

BUREAU DU DICTIONNAIRE UNIVERSEL D'HISTOIRE NATURELLE, DE M. Ch. D'ORBIGNY,

RUE MIGNON, 2 (quartier de l'École-de-Médecine).

LONDRES, | MADRID,
H. Baillière, 219, Regent-Street. | C. Bailly-Baillière, Calle del Principe, 11

1849.

ICONOGRAPHIE

DES

CHENILLES.

IMPRIMERIE DE FIRMIN DIDOT FRÈRES,
RUE JACOB, N° 24.

ICONOGRAPHIE
DES CHENILLES,

POUR FAIRE SUITE A L'OUVRAGE INTITULÉ :

HISTOIRE NATURELLE

DES

LÉPIDOPTÈRES,

OU

PAPILLONS DE FRANCE,

PAR M. J.-B. GODART;

OUVRAGE BASÉ SUR LA MÉTHODE DE M. LATREILLE;

AVEC LES FIGURES DE CHAQUE ESPÈCE, DESSINÉES ET COLORIÉES D'APRÈS NATURE
PAR M. P. DUMÉNIL, PEINTRE D'HISTOIRE NATURELLE;

CONTINUÉE

PAR M. P.-A.-J. DUPONCHEL,

AUTEUR D'UNE MONOGRAPHIE DES ÉROTYLES, CORRESPONDANT DE L'ACADÉMIE DES
GEORGOFILI DE FLORENCE, MEMBRE DE LA SOCIÉTÉ D'HISTOIRE NATURELLE DE
PARIS, ETC.

TOME PREMIER.

DIURNES.

PARIS.

MÉQUIGNON-MARVIS, LIBRAIRE-ÉDITEUR,

RUE DU JARDINET, N° 13.

1832.

AVERTISSEMENT.

LE plan de cette Iconographie sera calqué sur celui de l'Histoire naturelle des Lépidoptères de France, c'est-à-dire que les Chenilles y seront divisées en trois familles et rangées, autant que possible, par tribus et par genres de même que les Papillons; mais, comme on en connaît beaucoup moins que de ces derniers, on doit s'attendre à de nombreuses lacunes dans cette classification pour ce qui les concerne (1).

Quoi qu'il en soit, nous ferons précéder chacune de leurs familles d'un tableau analytique des genres, et chacun de leurs genres d'observations générales sur leurs formes, leurs mœurs et leur manière de se transformer. Quant à leur description, nous nous bornerons à donner celle des espèces dont il ne sera pas fait mention dans l'Histoire des Lépidoptères, et nous renverrons pour les autres à cet ouvrage; dans tous les cas, chaque

(1) On connaît à peine 800 chenilles sur les 3000 espèces de papillons qui appartiennent à l'Europe.

Chenille figurée sera l'objet d'un article qui contiendra d'une manière succincte les renseignements suivants : son nom, celui de la plante dont elle se nourrit, l'endroit où on la trouve, l'époque de son apparition, celle de sa transformation en chrysalide, et enfin celle de l'éclosion de son papillon.

Cependant lorsqu'une Chenille offrira quelque particularité intéressante, nous en ferons aussi mention à son article.

Ainsi cette Iconographie, tout en faisant suite à celle des Lépidoptères, n'en sera pas moins complète en son genre, et pourra être consultée avec fruit par les personnes qui ne posséderaient pas la première.

Nota. Parmi les dessins d'après nature qui servent de base à cette Iconographie, il s'en trouve un grand nombre qui ont été faits par M. Jourdin-Pellieux de Beaugenci, et qui joignent à une exécution soignée le mérite plus rare d'une fidélité rigoureuse. L'auteur, dont nous devons la connaissance à M. Rippert, a bien voulu nous les confier, sous la condition que son nom figurerait au bas des planches à la formation desquelles ils auront contribué. Nous en avons pris l'engagement envers lui, et nous le remplirons chaque fois qu'une planche se composera en entier de ses dessins ; mais comme il arrivera souvent qu'ils se trouveront confondus avec ceux de M. Duménil, nous aurons soin, dans ce cas, de faire connaître dans le texte les figures qui lui appartiendront.

ICONOGRAPHIE

DES

CHENILLES.

INTRODUCTION.

Une Chenille est un Lépidoptère dans son premier état, c'est-à-dire tel qu'il se montre en sortant de l'œuf. Dans cet état, il n'a que les organes du mouvement et de la nutrition, et il est incapable de se reproduire. Une chenille est donc un animal imparfait, un papillon dans son enfance.

Toute chenille se compose d'une tête écailleuse, et d'un corps membraneux, plus ou moins vermiforme et toujours porté néanmoins sur des pattes très-courtes dont le nombre varie de 8 à 16 (1): nous allons analyser ces différentes parties.

---

(1) C'est une règle certaine que les larves qui ont plus de 16 pattes et moins de 8 donnent d'autres insectes que des papillons, quelle que soit d'ailleurs leur ressemblance avec les véritables chenilles, ainsi qu'on le voit dans celles des *Tenthrèdes* ou *Mouches à scie*.

Tête. Elle est formée par deux espèces de calottes sphériques dures et écailleuses, qui se réunissent dans le haut et qui sont séparées dans le bas par une pièce triangulaire également écailleuse, au-dessous de laquelle est placée la bouche. Celle-ci est composée 1° de deux fortes mandibules aiguës et tranchantes avec lesquelles la chenille coupe la substance dont elle se nourrit; 2° de deux mâchoires portant chacune un palpe fort court, de figure conique; 3° de deux lèvres dont l'inférieure porte également deux palpes semblables à ceux ci-dessus. A l'extrémité supérieure de cette même lèvre est un mamelon cylindrique, percé d'un petit trou par où sort la soie que file la chenille et qu'on nomme la filière. La tête offre encore deux très-petites antennes d'une forme analogue à celles des palpes; enfin avec la loupe on y aperçoit de chaque côté six petits points saillants qu'on présume être des yeux; mais cela nous paraît très-douteux, car il suffit d'observer une chenille dans ses mouvements pour se convaincre que la vue ne les dirige pas. En revanche l'ouïe et le toucher paraissent très-développés chez elle, comme chez les aveugles.

Corps. Il se compose de douze anneaux plus ou moins distincts suivant les espèces, et qui sont recouverts d'une peau membraneuse. Ces anneaux sont assez semblables entre eux, à l'exception du dernier, sous lequel est placé l'anus, et dont la figure ordinaire est une espèce de prisme à faces inégales, tronqué à son extrémité. Sur neuf de ces anneaux, c'est-à-dire sur la partie latérale de chacun d'eux, excepté sur le second, le troisième et le dernier, on remarque deux petites ouvertures ovales en forme de boutonnières, placées obliquement; ce qui fait dix-huit en tout sur la longueur du corps, dont neuf de chaque côté. Les expériences de Malpighi, répétées par Réaumur, ne laissent aucun doute que ces ouvertures, appelées stigmates, ne servent à la respiration de la chenille. Les deux stigmates du premier anneau répondent à ceux du corselet du papillon, et les autres à ceux de son abdomen.

PATTES. Elles sont attachées par paire à chaque anneau. On les distingue en *écailleuses* et en *membraneuses.* Les premières sont toujours au nombre de six, et attachées invariablement aux trois premiers anneaux; ce sont les seules qui répondent à celles que le papillon doit avoir. Elles sont dures, cornées et terminées par une pointe courbe et très-aiguë, quelquefois double. En les examinant à la loupe, on voit qu'elles se composent de quatre tuyaux ajustés les uns au bout des autres, et diminuant insensiblement de diamètre. Ces pattes sont peu susceptibles de s'allonger ; mais la chenille les rapproche facilement l'une contre l'autre, de manière à saisir avec elles et à maintenir contre sa bouche la tranche de la feuille qu'elle veut entamer.

Les pattes dites *membraneuses* sont des espèces de mamelons larges, mous, susceptibles de s'allonger, de se raccourcir, de se gonfler et de s'aplatir au gré de l'insecte. Leur extrémité est ordinairement armée de plusieurs petits crochets, formant une couronne plus ou moins complète, et dont la chenille se sert pour se cramponner aux feuilles ou aux branches qui lui servent de soutien pendant qu'elle mange ou pendant le repos.

Ces pattes varient non-seulement pour la forme, mais pour le nombre et la position ; ce qui a donné lieu de diviser toutes les chenilles connues en cinq classes, savoir : celles à 16 pattes, celles à 14, celles à 12, celles à 10 et celles à 8. Mais on vient de voir que les pattes écailleuses sont toujours au nombre de six ; par conséquent, la différence ne porte que sur les membraneuses, qui se divisent elles-mêmes en intermédiaires et en postérieures ou anales. Ces dernières, lorsqu'elles ne manquent pas (car plusieurs chenilles en sont privées), sont toujours attachées au dernier anneau. Il n'y a donc réellement que les membraneuses intermédiaires qui varient pour le nombre et la position.

Elles sont au nombre de huit, placées sous les 6, 7, 8 et 9ᵉ anneaux, dans les chenilles de la première classe ;

De six, placées tantôt sous les 7, 8 et 9ᵉ anneaux, et tantôt sous les 6, 7 et 8ᵉ anneaux, dans celles de la seconde classe ;

De quatre, placées sous les 8 et 9ᵉ anneaux, dans celles de la troisième classe ;

De deux, placées sous le 10ᵉ anneau, dans celles de la quatrième classe ;

Enfin elles manquent totalement dans celles de la cinquième et dernière classe.

Les chenilles des deux premières classes marchent en imprimant à tout leur corps un mouvement ondulatoire. Il en est de même à peu près de celles de la troisième classe ; seulement leurs ondulations sont plus prononcées dans les parties de leur corps qui sont privées de pattes. Mais la marche de celles de la quatrième classe est tout-à-fait différente, et mérite une description particulière. On a vu que ces chenilles n'ont de pattes qu'aux deux extrémités de leur corps, et que sa partie intermédiaire par conséquent manque d'appui. Voici comment elles s'y prennent lorsqu'elles veulent marcher. Après s'être cramponnées d'abord avec leurs six pattes écailleuses

au corps qui les soutient, elles en rapprochen[t]
leurs pattes postérieures, ce qui oblige leurs
anneaux intermédiaires privés de pattes à se
courber en arc et à former une espèce de
boucle. Alors les pattes postérieures étant posées
contre les pattes écailleuses, elles dégagent
celles-ci, déployent leur corps et l'étendent
jusqu'à l'endroit où elles trouvent de nouveau
à fixer leurs pattes antérieures. Elles répètent
la même manœuvre à chaque pas qu'elles font,
et elles l'exécutent avec assez de prestesse pour
marcher plus vite que celles qui ont seize et quatorze pattes.

Cette sorte d'allure a fait nommer ces chenilles
des *Géomètres* ou des *Arpenteuses*, parce qu'en
effet elles semblent mesurer le terrain qu'elles
parcourent avec leur corps, comme le ferait un
arpenteur avec sa chaîne.

Quant aux chenilles de la cinquième et dernière classe, c'est-à-dire celles qui n'ont que
deux pattes membraneuses au dernier anneau,
elles ont un genre de vie qui les dispense de
marcher. Elles se logent dans des fourreaux
qu'elles se sont formés de différentes substances,
ou bien dans l'intérieur des feuilles et des fleurs.
Cependant quelques-unes habitent des fourreaux portatifs; dans ce cas, il leur suffit pour
marcher de faire usage de leurs pattes écail-

leuses, qu'elles sortent, avec la partie antérieure de leur corps, de leur fourreau qui les accompagne partout. Ces chenilles sont en général les plus petites de toutes, et appartiennent pour la plupart à la tribu des *Tinéites*. Au reste, ce n'est qu'à la vue simple qu'elles paraissent n'avoir que huit pattes, car on reconnaît qu'elles en ont seize avec la loupe ; mais les huit intermédiaires sont si courtes qu'elles ne peuvent s'en servir. Cependant Réaumur a reconnu des couronnes de crochets dans plusieurs. Ainsi ces chenilles appartiendraient à la première classe , et par conséquent il n'existerait pas de cinquième classe.

La différence dans le nombre des pattes n'est pas le seul caractère qui distingue les chenilles entre elles : elles sont susceptibles d'être groupées en plusieurs familles, d'après leur forme qui varie autant que celle des papillons. On en voit de cylindriformes, de fusiformes, de moniliformes ou en forme de chapelet, de pisciformes ou en forme de poisson, de testudiniformes ou en forme de tortue, de cassidiformes ou en forme de bouclier , d'aselliformes ou en forme de cloporte. Il en est d'autres qui par leur configuration bizarre ne peuvent entrer dans aucune de ces catégories , parce qu'on ne saurait les comparer à aucun objet connu. Mais c'est surtout par la diversité de leurs vêtements ou de leur armure que les chenilles peuvent être séparées en tribus et en genres. Les unes sont rases, les autres velues. Parmi les premières on en distingue qui ont la peau lisse, tantôt épaisse, tantôt transparente, et d'autres qui l'ont rude et comme chagrinée. Parmi les secondes, on en voit qui ont de longs poils, d'autres qui les ont courts. Ici ces poils partent immédiatement de la peau, et sont réunis tantôt en brosses, tantôt en pinceaux, et quelques-uns forment des aigrettes. Là ils sont implantés sur des tubercules, et forment des faisceaux rayonnants ou divergents lorsqu'ils ne sont pas isolés; quelquefois ils s'étendent latéralement comme des nageoires de poisson. Il est des chenilles qui, sans être véritablement velues, sont pubescentes ou couvertes d'un léger duvet, ou bien veloutées. Il en est d'autres qui au lieu de poils, ont des épines tantôt simples, tantôt branchues; d'autres chez qui ces épines sont remplacées par des tubercules coniques couverts de petits poils roides; d'autres qui ont la tête armée de deux ou quatre pointes qui ne sont que le prolongement du crâne; d'autres qui ont sur le cou un tentacule charnu et rétractile en forme d'i grec (Y), qu'elles font sortir et rentrer à volonté; d'autres qui ont une corne placée sur le 11ᵉ anneau; d'autres dont les deux pattes anales se relèvent en une queue tantôt simple, tantôt

fourchue; dans ce dernier cas, elle se compose
de deux gaînes ou tuyaux susceptibles de s'écarter et renfermant, chacun, un filet charnu et rétractile, dont la chenille se sert en guise de fouet
pour écarter ses ennemis. Enfin il en est un
grand nombre qui ont sur le dos et sur les côtés
des verrues en forme de nœuds ou de bourgeons, qui les font ressembler à de jeunes branches d'arbres, lorsqu'elles tiennent leur corps
étendu dans l'état de repos. Ces dernières sont
toutes des *Arpenteuses*.

Si les chenilles sont curieuses à observer par
la variété de leurs formes, elles le sont encore
davantage dans leurs mœurs et leurs habitudes.
Devant traiter ce sujet d'une manière particulière
à chaque tribu ou à chaque genre, nous nous bornerons ici aux faits généraux. Sous le rapport
de la manière de vivre, les chenilles peuvent être
divisées en trois familles: celles qui sont solitaires
toute leur vie; celles qui vivent en société étant
jeunes, et qui se séparent quand elles ont acquis
une certaine taille; celles enfin qui ne se quittent
point, et se transforment même en chrysalides les
unes auprès des autres dans une toile commune.
C'est parmi les premières qu'on trouve celles qui
vivent dans la terre, dans l'intérieur des plantes,
des fruits et des graines, dans les troncs d'arbres
et dans les racines, et enfin celles qui vivent au

milieu de l'eau (les Hydrocampes). Les autres, et c'est le plus grand nombre, se répandent sur les feuilles des plantes et des arbres, où elles ne prennent d'autres précautions, pour se garantir des injures du mauvais temps, que de se cacher sous les feuilles, ou sous les branches, jusqu'à ce qu'elles puissent reparaître sans danger; quelques-unes cependant, pour se mettre en sûreté, roulent des feuilles et se retirent dans la cavité formée par leurs plis; d'autres, d'une très-petite espèce, habitent dans l'intérieur même des feuilles qu'elles minent, et où elles vivent sans être aperçues de leurs ennemis. Il y en a enfin qui se forment une maisonnette en forme de tuyau qui les rend invisibles, et qu'elles transportent partout avec elles.

On a cru et l'on croit encore assez généralement que chaque plante a son espèce particulière de chenille qu'elle nourrit; mais c'est une erreur : il est tel arbre, comme le chêne, par exemple, qui en nourrit plus de cinquante espèces différentes. Au reste, si l'on en excepte un petit nombre dont chaque espèce ne vit que sur une seule plante, les autres s'accommodent de toutes celles qu'on leur présente, pourvu qu'elles soient du même genre, et c'est en cela que la botanique est utile à celui qui s'occupe d'élever des chenilles. Beaucoup d'espèces se nourrissent même des plantes les plus éloignées, et il en est quelques-unes qui sont véritablement polyphages. Toutes les chenilles, au reste, ne se nourrissent pas de végétaux ; il en est un grand nombre qui vivent aux dépens de nos pelleteries, de nos fourrures, de nos étoffes et de nos habits (les Teignes), et il en est même quelques - unes qui se nourrissent de cire , de lard , de beurre , de graisse et autres substances analogues.

Il nous reste à jeter un coup d'œil sur les mues ou changements de peau que les chenilles éprouvent pendant le cours de leur vie, et sur leur transformation en chrysalide. La plupart ne changent que trois ou quatre fois de peau avant de subir cette transformation ; mais il en est qui en changent jusqu'à huit et même neuf fois. On a remarqué que celles qui donnent des papillons de jour ne changent que trois fois de peau, au lieu que celles qui produisent des nocturnes en changent ordinairement quatre fois. Il faut lire dans Réaumur de quelle manière ces mues s'opèrent ; nous nous bornerons à dire qu'elles sont très-pénibles pour la chenille, qui souvent y succombe.

Il est quelques espèces qui conservent leur couleur primitive malgré ces changements de peau ; mais la plupart en acquièrent de nouvelles, et presque toujours de plus vives à chaque mue.

Après avoir pris son accroissement et avoir

passé par toutes les révolutions périodiques qui lui sont propres, la chenille a encore un dernier vêtement à prendre avant de devenir insecte parfait, c'est celui de chrysalide. A l'approche de ce temps critique, toutes les chenilles agissent comme si elles en prévoyaient les suites: les moyens qu'elles emploient pour se préparer à cette métamorphose et l'accomplir avec sécurité, varient suivant les espèces; cependant ils peuvent se réduire à trois principaux, savoir : à se renfermer dans une coque, à se cacher sous terre et à se suspendre en plein air.

L'industrie des chenilles qui se filent des coques de soie pour y subir leur transformation en chrysalide est généralement connue : à qui le ver à soie, qui est une véritable chenille, ne l'a-t-il pas appris? mais que de variétés qui méritent d'être observées dans la structure et la figure de ces coques, et dans la manière dont elles sont suspendues ou attachées!

Parmi les chenilles qui filent des coques, les unes y font entrer leurs poils pour les rendre plus épaisses, les autres une matière gommeuse qui en fait une espèce de feutre; quelques-unes y répandent une poussière résineuse qui a la couleur du soufre. Celles de ces coques qui sont de pure soie, sont ordinairement peu fournies, aussi sont-elles enveloppées de feuilles pour les protéger, tandis que celles d'un tissu solide sont attachées à nu à la branche ou au corps quelconque qui les soutient. Parmi ces dernières on en voit qui ont la forme de poire, d'autres qui sont ovoïdes et d'autres qui ressemblent à un cylindre court et arrondi aux deux extrémités.

Plusieurs chenilles font entrer dans la construction de leurs coques toutes sortes de corps étrangers, tels que de la sciure de bois, des grains de sable, des molécules de terre, des débris de végétaux, etc. Mais il est à remarquer que ces coques sont aussi lisses et arrondies en dedans qu'elles sont rugueuses et difformes au dehors.

Il en est d'autres qui donnent à leur coque la forme d'un bateau caréné, et quelques-unes celle d'une hotte.

Les coques des chenilles de Zygènes sont remarquables en ce qu'elles ont la consistance du parchemin ou de la coquille d'œuf.

Parmi les chenilles qui s'enterrent pour se chrysalider, les unes mastiquent solidement l'intérieur de la cavité qui les renferme, d'autres se contentent de retenir les molécules de terre par quelques fils de soie ; mais la plupart s'enfoncent dans la terre sans prendre aucune précaution contre l'éboulement de la terre qui les entoure.

Il est d'autres chenilles qui ne savent ni se faire des coques, ni se cacher sous terre pour se changer en chrysalide ; lorsque ce moment est arrivé pour elles, elles se retirent dans des trous de murs, sous des entablements d'édifices, dans des creux d'arbres et autres abris semblables. Enfin il en est qui subissent leur transformation dans l'intérieur même de la plante ou de l'arbre où elles ont vécu.

Quant aux chenilles qui se transforment en plein air et loin de la terre, les unes se suspendent verticalement par la partie postérieure de leur corps, et par conséquent la tête en bas ; les autres horizontalement ou parallèlement au plan de position : celles-ci s'attachent d'abord comme les premières par leurs pattes de derrière et retiennent ensuite leur corps dans une position presque horizontale par le moyen d'un lien transversal qui l'embrasse au milieu comme une ceinture, et dont les deux bouts sont fixés au plan d'attache. Les chenilles qui se suspendent de ces deux manières ne donnent que des papillons diurnes et des ptérophores ; les autres appartiennent aux nocturnes et aux crépusculaires.

Les chenilles ne se transforment en chrysalide qu'après s'être vidées copieusement, et avoir subi un jeûne d'un ou deux jours. Cette transformation, comme le dit Réaumur, n'est au fond qu'un dernier changement de peau, mais qui exige de leur part bien plus de précautions et d'efforts que les précédents. L'explication qu'en donne notre célèbre auteur, dans son neuvième Mémoire, est aussi curieuse que détaillée ; malheureusement elle n'est pas susceptible d'analyse, et nous engageons ceux qui désireraient la connaître à la lire dans l'original. Cependant il ne faut qu'une minute ou deux à la nature pour opérer une transformation si longue à décrire quand on veut, comme Réaumur, en donner une idée complète. Un fait remarquable dans cette opération, c'est qu'une fois commencée, elle s'achève même sur la chenille plongée dans l'esprit-de-vin, ainsi que j'en ai fait souvent l'expérience. La chrysalide en se dégageant du corps de la chenille, n'offre d'abord qu'une substance molle et gélatineuse ; mais son enveloppe extérieure durcit peu à peu, et au bout de vingt-quatre heures sa peau est devenue tellement ferme, qu'on peut alors la manier sans crainte de la blesser.

Rien ne ressemble moins assurément à un papillon qu'une chrysalide, au premier coup d'œil ; cependant avec un peu d'attention, il est aisé de reconnaître que celle-ci n'est que l'enveloppe du premier, et comme on l'a fort bien dit, qu'un papillon emmaillotté. Si on l'examine du côté du dos, on y distingue facilement la forme du corselet et celle de l'abdomen divisé en neuf segments; si on la regarde du côté opposé, on y voit comme gravés en relief sur sa partie supérieure, d'abord une tête et deux yeux, ensuite deux plaques plus ou moins grandes qui prennent leur origine près de la tête, et qui viennent se rabattre sur le ventre ou la poitrine, en laissant entre elles un espace triangulaire rempli par plusieurs bandelettes qui partent également de la tête, et viennent se réunir symétriquement l'une contre l'autre au milieu de la poitrine. Qu'on se donne la peine d'examiner ces plaques et ces bandelettes, et l'on verra que les premières recouvrent les ailes du papillon et que les secondes servent d'enveloppe, savoir : les deux extérieures à ses antennes, les six intermédiaires à ses six pattes, et celle du milieu à sa trompe, lorsque le papillon doit en avoir une, car on sait que beaucoup de nocturnes n'en ont pas.

Les chrysalides sont généralement glabres ; quelques-unes cependant sont garnies de poils comme celle du Bombyx du saule (*liparis salicis*). Quant à leurs formes, elles sont loin d'être aussi variées que celles des chenilles; on peut les rapporter toutes à deux grandes divisions : les chrysalides anguleuses qui donnent toutes des papillons diurnes, et les arrondies qui, à peu d'exceptions près, ne produisent que des nocturnes et des crépusculaires. Les premières seules offrent des formes tranchées et variées. Leur tête se termine tantôt par deux cornes tournées en dedans, tantôt par une seule pointe. Ces espèces de cornes leur font à toutes une coiffure singulière lorsqu'on les regarde du côté du ventre; du côté du dos on est encore plus frappé de la figure qu'on aperçoit sur quelques-unes : on croit y voir une face humaine ou celle de certains masques de satyres. Une protubérance au milieu du dos a tout-à-fait la forme d'un nez. Diverses autres petites éminences et divers creux sont disposés de façon que l'imagination a peu de frais à faire pour trouver là un visage complet. Il y a d'ailleurs beaucoup d'autres variétés dans le nombre, la forme, la grandeur, et dans l'arrangement des protubérances qui sont sur le reste du corps de ces différentes espèces de chrysalides. Chez les unes elles sont arrondies, chez les autres elles sont comme autant d'épines dont le dos de la chrysalide est hérissé. D'autres ont moins de ces épines, mais elles ont de chaque côté une ou deux plus grandes éminences anguleuses qui ressemblent un peu aux ailerons des poissons.

Plusieurs de ces chrysalides sont richement vêtues ; il y en a qui paraissent tout or comme celle du *Paon du jour*. D'autres n'ont que des taches dorées ou argentées sur le dos et sur le ventre. Celles qui n'ont ni or ni argent n'ont pas des couleurs propres à les faire remarquer; cependant quelques-unes sont d'un beau vert comme celle du *Machaon*, et d'autres blanches ou jaunes avec des taches noires.

A l'égard des chrysalides de la seconde classe, c'est - à - dire qui sont arrondies, elles sont ou d'un brun-noir, ou d'un brun-jaunâtre, ou couleur marron. Excepté quelques - unes dont la trompe est logée dans un étui séparé de l'enveloppe des ailes, elles ne sont pas plus remarquables par leurs formes que par leurs couleurs.

Les entomologistes allemands ont cherché à faire cadrer la classification des chenilles avec celle des papillons, en combinant les caractères des unes avec ceux des autres; mais ils sont loin d'y avoir réussi : pour faire un travail satisfaisant à ce sujet, il faudrait que le nombre des chenilles connues fût beaucoup plus considérable (1), attendu que parmi celles qui restent à découvrir, il existe sans doute des types de formes qui n'ont pas encore été observés. D'ailleurs pour rendre ce travail complet, il faudrait y faire entrer les chenilles exotiques, qui sont encore moins connues que les indigènes, et dont

---

(1) Sur 3,000 espèces de Lépidoptères européens, on en compte à peine 800 dont les chenilles sont connues.

la plupart ont des formes qui n'ont pas d'analogues en Europe. Il est aisé de voir, d'après
cela, qu'il se passera encore bien du temps avant
qu'on ait réuni assez de connaissances sur les
chenilles pour faire dépendre de leur classification celle des papillons. Au reste, en suppo-
sant même qu'on les connût presque toutes, car
il y en aura toujours qui échapperont à nos
recherches, nous pensons qu'il ne sera jamais
possible de les prendre pour point de départ,
c'est-à-dire pour base des premières divisions,
et qu'il faudra se borner à y chercher des carac-
res secondaires ou confirmatifs de ceux tirés de
l'insecte parfait. Une seule observation suffira
pour justifier cette opinion, c'est qu'il n'existe
aucune corrélation entre la division des chenilles en cinq classes d'après le nombre de leurs
pattes, et celle des Lépidoptères en trois familles
d'après la forme de leurs antennes, puisque les
chenilles à seize pattes donnent à la fois des
diurnes, des *crépusculaires* et des *nocturnes*, et
que celles des autres classes ne donnent que des
nocturnes. Il est vrai que la division de l'ordre
des Lépidoptères en trois familles laisse elle-
même beaucoup à désirer, à cause des anomalies
nombreuses qui s'y trouvent; mais alors tout
serait à refaire dans cette partie si difficile de
l'entomologie.

Quoi qu'il en soit, il serait bien à désirer qu'on se livrât davantage à l'étude et à l'éducation des chenilles, ne serait-ce que pour faire disparaître de la nomenclature cette foule d'espèces douteuses qui ne sont peut-être que des variétés, ou acquérir au moins la certitude que ce sont réellement des espèces. Malheureusement plusieurs causes paraissent s'opposer à ce que la connaissance des chenilles fasse de grands progrès : ces causes peuvent se réduire à deux principales.

La première, c'est que la plupart des amateurs de Lépidoptères n'ayant d'autre but que d'en faire des collections sous leur dernière forme, sont peu curieux de les connaître sous celle de chenilles, et si parfois ils se donnent la peine d'élever de ces dernières, cela se borne à quelques espèces dont les papillons sont difficiles à trouver ou ne se montrent qu'en mauvais état.

La seconde cause, c'est que les chenilles sont en général plus difficiles à découvrir que les papillons ; car il n'en faut pas juger par celles qu'on voit répandues sur les feuilles au printemps, c'est le plus petit nombre qui s'expose ainsi à nos regards ; celui des espèces qui savent s'y soustraire est bien plus considérable, et à moins de connaître leur manière de vivre, on se donnerait beaucoup de peine avant d'en découvrir une seule (1). Il ne suffit pas d'ailleurs de les trouver, il faut encore les nourrir et en prendre soin jusqu'à leur dernière transformation ; et pour éviter d'attribuer à l'une le produit de l'autre, il faut avoir la précaution de séparer les espèces dans des boîtes disposées à cet effet. Tout cela demande beaucoup de temps et de soins, et n'est guère praticable que dans une campagne à portée des bois. Or telle est rarement la position de ceux qui par goût se livreraient avec le plus de succès à cette occupation. Faisons donc des vœux pour que parmi les amateurs qui se trouvent dans cette heureuse position, il s'élève quelque nouveau Réaumur, ou quelque nouveau Degeer qui mette la connaissance des chenilles au niveau de celle des papillons.

Il résulte de ce que nous avons dit précédemment sur la classification des chenilles, que leur division en trois familles correspondantes

---

(1) Voir l'instruction contenue dans le premier volume de l'Histoire naturelle des Lépidoptères, sur la manière de chercher et d'élever les chenilles, pag. 266 à 279.

à celles des Lépidoptères dans l'état parfait, ne peut être qu'artificielle ; cependant nous avons dû l'adopter pour faire cadrer cette seconde partie de l'ouvrage avec la première.

Voici donc comment nous l'établissons,

SAVOIR :

Chenilles de formes variées	à 16 pattes; lentes dans leurs mouvements.	Chrysalides presque toujours nues et suspendues en plein air; quelques-unes seulement enveloppées d'un léger réseau.	Fam. I. *Diurnes.*
		Chrysalides cachées, tantôt dans la terre, tantôt dans l'intérieur des arbres, tantôt dans une coque de la consistance du parchemin.	Fam. II. *Crépusculaires.*
	à 16, 14, 12, 10 et 8 pattes; vives dans leurs mouvements.	Chrysalides cachées, tantôt dans la terre, tantôt dans l'intérieur des tiges de plantes ou des arbres, tantôt dans des coques de soie pure ou mêlée d'autres matières.	Fam. III. *Nocturnes.*

FAMILLE PREMIÈRE.

Diurnes. *Diurna.*

Chenilles de formes variées, à seize pattes, lentes dans leurs mouvements.

Chrysalides le plus souvent nues, quelquefois seulement enveloppées d'un léger réseau entre des feuilles ; dans le premier cas, suspendues en plein air, tantôt perpendiculairement, tantôt horizontalement ou parallèlement au plan d'attache.

TRIBU I.

Papillonides. *Papilionides.*

Chrysalides ou anguleuses ou arrondies ; la plupart fixées par la queue et retenues en outre parallèlement au plan d'attache par un lien transversal qui leur ceint le milieu du corps ; quelques - unes seulement enveloppées d'un léger réseau entre des feuilles.

A. *Chenilles tentaculées.*

1. Genre PAPILLON. *G. Papilio*. Latr.

Chenille cylindrique, plus grosse antérieurement, ayant la peau lisse, la tête petite, hémisphérique, rentrant en partie
sous le premier anneau, et portant sur le
cou un tentacule rétractile en forme d' Y.

Chrysalide anguleuse, avec la tête terminée en croissant, le ventre renflé et
deux rangées de tubercules sur le dos; at-
chée par la queue et retenue en outre par
un lien transversal au milieu du corps.. P. Machaon.

2. Genre THAÏS. *G. Thais.* Fabr.

Chenille cylindrique, plus grosse antérieurement, couverte de plusieurs rangées d'épines charnues et velues de forme
conique; ayant la tête assez forte et globuleuse, et portant sur le cou un tentacule rétractile en forme d'Y.

Chrysalide très-effilée et conico-cylindrique postérieurement, à demi tronquée
et terminée par une seule pointe antérieurement; fixée par la queue et attachée en
outre par un lien transversal au milieu
du corps...................... T. Hypsipyle.

3. Genre PARNASSIEN. *G. Parnassius*. Latr.

Chenille cylindrique, légèrement velue,
à tête petite et globuleuse rentrant en par-

tie sous le premier anneau; portant sur le
cou un tentacule rétractile en forme d'Y.

Chrysalide arrondie, contenue dans un
léger réseau entre des feuilles......... P. Apollo.

B. *Chenilles sans tentacules.*

4. Genre PIÉRIDE. *G. Pieris.* Latr.

Chenille pubescente, à tête petite et globuleuse, à corps allongé, cylindrique et
atténué aux deux extrémités.

Chrysalide anguleuse, le plus souvent
carénée au milieu et sur les côtés, avec
la tête terminée par une seule pointe; attachée par la queue et retenue en outre
par un lien transversal au milieu du corps. P. Brassicæ.

5. Genre COLIADE. *G. Colias.* Latr.

Chenille pubescente, à tête globuleuse,
à corps allongé, convexe en-dessus et plat
en-dessous, avec les anneaux très-distincts.

Chrysalide anguleuse, plus ou moins
renflée au milieu du dos et terminée antérieurement par une seule pointe; attachée par la queue et retenue en outre,
d'une manière lâche, par un lien transversal au milieu du corps............. C. Rhamni.

6. Genre POLYOMMATE. *G. Polyommatus.* Latr.

Chenilles onisciformes ou cloportes, à
pattes très-courtes.

Chrysalides courtes, contractées et obtuses aux deux bouts, attachées par la
queue et retenues en outre par un lien
transversal très-serré au milieu du corps.

Sect. a. Chenille en forme de bouclier
ovale, couverte de poils très-courts, avec
des impressions latérales.

Chrysalide courte et presque ovoïde.. P. Phlæas.

Sect. b. Chenille en forme de bouclier
très-convexe.

Chrysalide oblongue, un peu déprimée
antérieurement. . . . . P. Damon.

Sect. c. Chenille en forme de bouclier
plat, un peu élargi antérieurement et rétréci postérieurement; couverte de poils
fins et courts.

Chrysalide un peu rugueuse, convexe
en-dessus et plate en-dessous. . . . . P. Pruni.

7. Genre Érycine. *G. Erycina*. Fabr.

Chenille presque ovale, couverte de
poils courts, avec la tête petite et arrondie; les pattes à peine visibles.

Chrysalide arrondie, hérissée de poils;
attachée par la queue et par un lien trans-
versal au milieu du corps. . . . . E. Lucina.

TRIBU II.

Nymphalides. *Nymphalides.*

Chrysalides ou anguleuses, ou gibbeuses, ou

arrondies; toutes suspendues seulement par la queue, la tête en bas.

A. *Chenilles non épineuses.*

8. Genre LIBYTHÉE. *G. Libythea.* Latr.

Chenille pubescente, d'égale grosseur dans sa longueur, avec la tête globuleuse. Chrysalide à angles arrondis, et dont la tête se termine par une seule pointe; suspendue seulement par la queue...... L. Celtis.

B. *Chenilles épineuses.*

9. Genre VANESSE. *G. Vanessa.* Fabr.

Chenille ayant la tête échancrée en cœur dans sa partie supérieure, et couverte d'aspérités velues; le corps garni de six rangées longitudinales d'épines velues ou rameuses, d'égale longueur sur tous les anneaux.

Chrysalide anguleuse ayant la partie supérieure de la tête quelquefois arrondie, mais le plus souvent terminée par deux pointes; le dos armé de deux rangées de tubercules plus ou moins aigus; suspendue seulement par la queue...... V. Morio.

10. Genre ARGYNNE. *G. Argynnis.* Fabr.

Chenille ayant six rangées longitudi-

nales d'épines velues ou rameuses, dont
deux plus longues sur le premier anneau.

Chrysalide anguleuse, avec deux rangées de tubercules aigus sur le dos, lequel est fortement échancré ou concave
entre l'abdomen et le corselet; suspendue
seulement par la queue.. . . . . A. Paphia.

C. *Chenilles sub-épineuses.*

11. Genre Mélitée. *G. Melitea.* Fabr.

Chenille ayant, au lieu d'épines, des
tubercules charnus cunéiformes et couverts de poils courts et roides.

Chrysalide presque obtuse antérieurement, avec des points élevés sur le dos;
suspendue seulement par la queue..... M. Athalia.

D. *Chenilles à épines simples non velues.*

12. Genre Danaïde. *G. Danais.* Latr.

Chenille glabre, cylindrique et chargée
d'un très-petit nombre d'épines simples
non velues, très-longues et inclinées, les
antérieures vers la tête, et les postérieures
vers l'anus.

Chrysalide arrondie, avec la partie inférieure conoïde et très-contractée, suspendue seulement par la queue....... D. Chrysippe.

E. *Chenilles chargées de tubercules épineux ou velus.*

13. Genre Liménite. *G. Limenitis.* Fabr.

Chenille ayant la tête en forme de cœur

renversé, légèrement bifide dans sa partie supérieure et couverte d'aspérités velues, principalement sur les bords; le corps cylindrique, finement chagriné, avec deux épines rameuses sur chaque anneau, excepté le troisième, plus longues sur les premier, deuxième, quatrième, onzième et douzième anneaux que sur les autres.

Chrysalide anguleuse, ayant la tête terminée par deux cornes très-longues, le dos caréné et présentant dans son milieu une protubérance très-saillante et très-comprimée latéralement; suspendue seulement par la queue.................. L. Sibylla.

14. Genre NYMPHALE. *G. Nymphalis.* Latr.

Chenille ayant la partie supérieure de la tête bifurquée, le corps pubescent et chargé de tubercules de diverses formes et garnis de poils divergents, dont deux beaucoup plus minces et plus élevés que les autres sur le second anneau, et les six derniers inclinés vers l'anus.

Chrysalide ayant la tête terminée par deux pointes obtuses, et une éminence très-prononcée sur le dos; suspendue seulement par la queue............. N. Populi.

F. Chenilles dont le dernier anneau se termine en queue fourchue ou bifide.

15. Genre PAPHIE. *G. Paphia.* Fabr.

Chenille ayant la partie supérieure de la

tête divisée en deux cornes divergentes,
dont chacune est bifide, ce qui forme
quatre pointes ; le corps finement chagriné, s'amincissant postérieurement et
se terminant en queue fourchue.

Chrysalide courte, arrondie et conique
dans sa partie inférieure, avec la tête presque obtuse et deux tubercules à l'anus ;
suspendue seulement par la queue...... P. Jasius.

16. Genre APATURE. *G. Apatura*. Fabr.

Chenille ayant la partie supérieure de
la tête divisée en deux longues pointes ou
cornes divergentes ; le corps finement chagriné, s'amincissant postérieurement et se
terminant en queue fourchue.

Chrysalide très - comprimée latéralement, très - renflée et carénée du côté du
dos, avec la tête bifide ; suspendue seulement par la queue................... A. Ilia.

17. Genre SATYRE. *G. Satyrus*. Latr.

Chenille ayant la tête sphérique, le
corps plus ou moins allongé, pubescent,
s'amincissant postérieurement, et dont le
dernier anneau se termine en une queue
bifide.

Chrysalide généralement oblongue,
sans angles saillants, avec la tête armée
de deux pointes coniques et deux rangées
de points élevés sur le dos ; suspendue
seulement par la queue.............. S. Mæra.

TRIBU III.

Hespérides. *Hesperides.*

18. Genre Hespérie. *G. Hesperia.* Latr.

Sect. a. Chenille nue, allongée, amincie aux deux bouts, avec la téte globuleuse.

Chrysalide mince, effilée, avec un tubercule sur la téte et l'enveloppe de la trompe, qui se prolonge en pointe détachée sur l'abdomen; contenue dans une coque légère entre des feuilles......... H. Linea.

Sect. b. Chenille pubescente, peu allongée, amincie aux deux bouts, avec la téte globuleuse, un peu fendue et attachée au corps par un cou très-mince.

Chrysalide oblongue, arrondie et contenue dans une feuille à demi-roulée.... H. Malvæ.

TRIBU I.

PAPILLONIDES. *Papilionides.*

Chrysalides ou anguleuses ou arrondies ; la plupart fixées par la queue et retenues en outre parallèlement au plan d'attache par un lien transversal qui leur ceint le milieu du corps ; quelques-unes seulement enveloppées d'un léger réseau entre des feuilles.

A. *Chenilles tentaculées.*

1. Genre PAPILLON. *G. Papilio.* Latr.

CARACTÈRES GÉNÉRIQUES.

Chenille cylindrique, plus grosse antérieurement, ayant la peau lisse, la tête hémisphérique, rentrant en partie sous le premier anneau, et portant sur le dos un tentacule rétractile en forme d'Y.

Chrysalide anguleuse, avec la tête terminée en croissant et deux rangées de tubercules sur le dos ; attachée par la queue et retenue en outre par un lien transversal au milieu du corps.

CE genre renferme environ cent cinquante espèces, dont quatre seulement appartiennent à l'Europe, et sur ces quatre on n'en connaît

que trois dont les chenilles aient été observées,
savoir : celles des papillons *Machaon*, *Alexanor*
et *Podalirius*. Les deux premières vivent sur les
plantes ombellifères et la troisième sur les arbres fruitiers. Toutes ces chenilles, lorsqu'on les
inquiète, font sortir de la partie supérieure de
leur premier anneau deux cornes de couleur rougeâtre et de substance charnue, portées sur une
tige commune; elles semblent être de la nature de
celles des limaçons, et sont susceptibles comme
elles de s'allonger et de se raccourcir à la volonté
de l'animal. Ces cornes, au moment où elles sortent du cou de la chenille, exhalent une odeur
assez forte, d'où il est permis de croire que c'est
un moyen de défense que la nature leur à donné
contre leurs ennemis; ce qui n'empêche pas cependant qu'elles ne soient souvent piquées de
l'ichneumon.

1. PAPILLON FLAMBÉ.

PAPILIO PODALIRIUS. (Pl. 1, fig. 1.)

Tom. 1. pag. 36. pl. 1. fig. 1. Diurnes. *God.*

CETTE chenille vit solitairement sur différents arbres fruitiers, principalement sur l'*amandier* et le *prunellier*. Elle paraît d'abord en juin et ensuite en septembre. Celle de la première époque donne son papillon en juillet et août, après être restée quinze jours en chrysalide; celle de la seconde passe l'hiver dans cet état, et son papillon n'éclôt qu'en avril ou mai de l'année suivante.

Cette chenille est assez rare ou du moins difficile à découvrir, tandis que son papillon est très-commun, surtout dans le midi de la France. C'est dans les bois montueux et où abonde le prunellier qu'il faut chercher l'un et l'autre.

Nota. La description que M. Godart donne de cette chenille est très-inexacte, et paraît avoir été faite d'après la figure d'Hubner, qui ne ressemble nullement à la nature.

La figure de la chrysalide est de M. Jourdin-Pellieux.

2. PAPILLON MACHAON.

PAPILIO MACHAON. (Pl. 1 , fig. 2.)

Tom. 1. pag. 38. pl. 1. fig. 2. Diurnes. *God.*

CETTE chenille vit solitairement sur la plupart des plantes ombellifères, principalement sur le *fenouil*, la *carotte sauvage* et la *carotte cultivée*. Elle paraît deux fois comme la précédente et aux mêmes époques. Elle n'est pas rare dans les jardins potagers où l'on cultive la carotte ; et son papillon vole abondamment surtout en août dans les champs de luzerne. Elle est facile à élever ; mais elle est souvent piquée de l'ichneumon.

La chrysalide est le plus souvent d'un beau vert, avec les tubercules du dos jaunes, et quelquefois grise, avec la poitrine et le ventre noirâtres.

La figure de la chenille est de M. Jourdin-Pellieux.

3. PAPILLON ALEXANOR.

PAPILIO ALEXANOR. (Pl. 1, fig. 3.)

Tom. 2. pag. 10. pl. 1. fig. 1. Diurnes. *God.* tom. 1. pag. 12. Supplément aux Diurnes. *Dup.*

CETTE chenille, dont nous avons donné la description dans le Supplément aux Diurnes, a été trouvée pour la première fois il y a sept ou huit ans dans les montagnes des environs de Digne. Depuis lors plusieurs amateurs de cette ville l'élèvent tous les ans, ce qui a rendu son papillon commun dans toutes les collections, de rare qu'il était auparavant. Elle ressemble beaucoup pour la forme à celle du *Machaon;* mais le fond de sa couleur est d'un vert-jaunâtre, et les bandes annulaires de celle-ci sont remplacées chez elle par des taches de diverses formes. Cette chenille, suivant les observations de M. Rippert, vit sur le *seséli dioïque,* et dans la première quinzaine d'août elle va s'attacher, pour se chrysalider, au-dessous des roches qui bordent les montagnes, où il est très-difficile d'apercevoir sa chrysalide, dont la couleur d'un gris-verdâtre se confond avec celle de ces roches. Cette chrysalide passe l'hiver, et le papillon n'en sort qu'au mois de juin de l'année suivante; ainsi cette espèce ne paraît qu'une fois par an.

A. *Chenilles tentaculées.*

Genre Thaïs. *G. Thais.* Fabr.

CARACTÈRES GÉNÉRIQUES.

Chenille cylindrique, plus grosse antérieurement, couverte de plusieurs rangées d'épines charnues et velues de forme conique; ayant la tête assez forte et globuleuse, et portant sur le cou un tentacule rétractile et charnu en forme d'Y.

Chrysalide très-effilée et conico-cylindrique postérieurement, à demi-tronquée et terminée par une seule pointe antérieurement; fixée par la queue et attachée en outre par un lien transversal au milieu du corps.

Des six espèces que ce genre renferme, l'*Hypsipyle* est la seule dont la chenille nous soit connue. Elle porte un tentacule rétractile comme celles du genre Papillon, et il y a lieu de croire que toutes ses congénères, qui n'ont pas encore été observées, sont dans le même cas. Quant au surplus, nous renvoyons à son article pour ne pas nous répéter.

4. THAIS HYPSIPYLE.

THAIS HYPSIPYLE. (Pl. 2, fig. 4.)

Tom. 11, pag. 25, pl. 111. Diurnes. *God.*

Le célèbre voyageur Pallas est le premier qui ait fait connaître cette chenille, et tous les auteurs qui en ont parlé ensuite ont répété d'après lui qu'elle vivait exclusivement sur l'*aristoloche clématite*. Cela est-très possible dans la Russie méridionale, où il l'a trouvée; mais en Italie et dans le midi de la France, c'est sur l'*aristoloche à feuille ronde* qu'on la trouve le plus ordinairement. Parvenue à toute sa taille à la fin d'août, elle ne tarde pas à se changer en chrysalide, passe le reste de la belle saison et tout l'hiver sous cette forme, et ne devient insecte parfait qu'au printemps suivant, c'est-à-dire vers la fin de mars et quelquefois plus tôt, suivant que le temps est plus ou moins chaud.

J'ai reçu de M. Cantener plusieurs chrysalides de cette espèce, qu'il trouve fréquemment dans les environs d'Hyères. Quatre de ces chrysalides ont parfaitement réussi et m'ont donné leurs papillons le 18 mars; à la vérité elles étaient dans un cabinet exposé au midi, et où je fais du feu tout l'hiver.

A. *Chenilles tentaculées.*

3. Genre PARNASSIEN. *G. Parnassius.* Latr.

CARACTÈRES GÉNÉRIQUES.

Chenille cylindrique, légèrement velue, à tête petite et glo-
buleuse rentrant en partie sous le premier anneau; portant
sur le cou un tentacule rétractile en forme d'Y.
Chrysalide arrondie, contenue dans un léger réseau entre
des feuilles.

L'APOLLON est la seule espèce de ce genre dont
on connaisse la chenille. Cette chenille porte
comme celles des deux genres précédents deux
cornes rétractiles sur le premier anneau; mais à
l'instar de celles de quelques Hespéries, elle se
file un léger tissu entre des feuilles pour se chrysalider; ce qui est une exception à la règle commune, d'après laquelle les chrysalides des Diurnes
sont nues et suspendues en plein air, soit perpendiculairement, soit parallèlement au plan de
position. Au reste, nous renvoyons à son article
pour ne pas nous répéter.

5. PARNASSIEN APOLLON.

PARNASSIUS APOLLO. (Pl. 2 , fig. 5.)

Tom. 11. pag. 15. pl. 11. Diurnes. *God.*

CETTE chenille vit sur les différentes espèces d'*orpins* et de *saxifrages* qui croissent sur les rochers des montagnes de 4 à 500 toises au moins d'élévation. Elle met beaucoup de temps à croître et est très-difficile à élever. Elle éclôt ordinairement au commencement d'avril et ne parvient à toute sa taille que vers le milieu de juin. A cette époque elle se file une espèce de coque à claire-voie entre des feuilles, et s'y change en une chrysalide arrondie, brune et saupoudrée de bleuâtre. Cette chrysalide, tout-à-fait différente de celles des autres Diurnes, ressemble beaucoup à celle d'un bombyx. L'insecte parfait en sort au bout de quinze ou vingt jours, suivant que la saison est plus ou moins chaude.

Dans la Lozère, où ce Parnassien est très-commun, j'ai remarqué que la femelle paraît dix jours plus tard que le mâle, et descend plus bas dans les vallons pour se reposer sur les fleurs des jardins et des prairies.

B. *Chenilles sans tentacules.*

4. Genre Piéride. *G. Pieris.* Latr.

CARACTÈRES GÉNÉRIQUES.

*Chenille pubescente, à tête petite et globuleuse, à corps al-
longé, cylindrique et atténué aux deux extrémités.*
*Chrysalide anguleuse, le plus souvent carénée au milieu et
sur les côtés, avec la tête terminée par une seule pointe;
attachée par la queue et retenue en outre par un lien transversal au milieu du corps.*

La plupart des chenilles de ce genre vivent sur
les plantes crucifères, quelques-unes sur les plantes
légumineuses, et une seule sur les arbres fruitiers.
Plusieurs sont un fléau pour les potagers et les
jardins, ainsi qu'on le verra à leur article. Elles
sont toutes ou pubescentes ou légèrement velues, et leurs chrysalides, très-anguleuses, sont
plus ou moins tachetées de noir sur un fond vert
ou jaunâtre, et quelquefois couleur de chair.
Le lien transversal qui retient celles-ci au milieu du corps est plus serré que dans les genres
Papillon et *Coliade.*

6. PIÉRIDE GAZÉE.

—

PIERIS CRATÆGI. (Pl. 2, fig. 6.)

—

Tom. 1, feuille 3 *bis*, pl. 2. Diurnes. *God.*

Les chenilles de cette Piéride éclosent en automne et vivent en société. A peine sorties de l'œuf elles filent une toile en commun, dans laquelle elles se pratiquent de petites cellules pour se mettre à l'abri du froid et de l'humidité. Elles passent ainsi l'hiver au nombre de cinq à six dans chaque cellule, et ne prennent aucun accroissement pendant cette saison. Au mois de mars elles rompent leur toile pour aller chercher leur nourriture, et comme elles ne trouvent alors que des bourgeons , elles font beaucoup de tort aux arbres auxquels elles s'attaquent. Elles retournent le soir à leur demeure, qu'elles ne quittent pas les jours pluvieux. Ce sont ces jours-là qu'il faut choisir pour leur faire la chasse, car on peut alors en détruire un grand nombre à la fois.

Lorsque ces chenilles ont subi leur dernière mue, c'est-à-dire vers le mois de mai, elles se séparent et se répandent sur les feuilles, principalement de l'*aubépine* (*cratægus oxiacantha*), du *bois de Sainte-Lucie* (*cerasus mahaleb*), du *prunier épineux* (*prunus spinosa*); mais elles mangent aussi les feuilles des arbres fruitiers et quelquefois celles du chêne. Elles sont très-voraces.

La chrysalide est très-remarquable par les taches et les lignes noires dont elle est ornée sur un fond vert ou jaune-citron. Le papillon éclôt dans les premiers jours de juin. Il est très-commun partout, et aime à se reposer le soir sur les épis de blé et autres plantes graminées.

Les figures de la chenille et de la chrysalide sont de M. Jourdin-Pellieux.

7. PIÉRIDE DU CHOU.

PIERIS BRASSICÆ. (Pl. 3, fig. 7.)

Tom. 1. feuille 3 *bis.* pl. 2 *ter.* Diurnes. *God.*

LES chenilles de cette espèce vivent en société sur la plupart des plantes crucifères, parmi lesquelles elles préfèrent cependant le *chou cultivé* (*brassica oleracea*), ce qui les rend un véritable fléau pour les potagers lorsqu'elles s'y multiplient, car elles sont très-voraces; elles mangent chaque jour plus du double de leur poids. Il est donc d'un grand intérêt de les détruire, et le moyen le plus efficace pour cela serait que les jardiniers employassent l'oisiveté de leurs enfants à attraper, pour les tuer, tous les papillons blancs qui viennent voltiger sur leurs choux, et qui pour la plupart sont des femelles qui cherchent à y pondre : en tuant une seule femelle avant sa ponte, on détruit toute une génération de chenilles composée peut-être de cent à cent cinquante individus. On peut aussi détruire leurs œufs, qui sont faciles à découvrir;

ils sont de forme oblongue et d'un jaune-citron qui tranche avec la couleur des feuilles, auxquelles ils sont collés les uns à côté des autres, par séries de trente à quarante. Enfin on peut aussi détruire leurs chrysalides, qui sont toujours attachées contre les murs de clôture des potagers.

Heureusement la nature a mis elle-même des bornes à la trop grande multiplication de ces chenilles : outre que beaucoup d'oiseaux en font leur pâture, elles sont sujettes plus que toutes les autres à être piquées par un petit ichneumon, dont Réaumur a donné l'histoire dans le tome 2 de ses Mémoires.

On trouve la chenille du *Chou* depuis le commencement de l'été jusqu'à la fin de l'automne, et son papillon toute l'année, excepté les mois d'hiver.

La figure de la chrysalide est de M. Jourdin-Pellieux.

8. PIÉRIDE DE LA RAVE.

PIERIS RAPÆ. (Pl. 3, fig. 8.)

Tom. 1. feuille 3 *bis.* pl. 2 *ter.* fig. 2. Diurnes. *God.*

CETTE chenille vit sur la plupart des *cruci-fères*, mais principalement sur la *grosse rave* (*brassica rapa*) et, à défaut de ces plantes, sur la *capucine ;* il est même très-ordinaire de la trouver sur cette dernière dans les jardins. Elle est solitaire et pénètre ordinairement dans l'intérieur de la plante dont elle se nourrit, ce qui l'a fait nommer *Ver du cœur.* Moins vorace que celle du *Chou,* elle cause moins de dégâts. Cependant comme elle attaque les plantes qui nous sont utiles, on doit chercher à la détruire par les mêmes moyens que nous avons indiqués à l'article précédent.

On trouve de ces chenilles depuis la fin du printemps jusqu'à la fin de l'automne; et celles qui se changent en chrysalide dans cette dernière saison ne donnent leurs papillons qu'au printemps suivant. La chrysalide est tantôt verte et tantôt couleur de chair, avec quelques petits points noirs sur les arêtes.

La figure de la chrysalide est de M. Jourdin-Pellieux.

9. PIÉRIDE DU NAVET.

PIERIS NAPI. (Pl. 3 , fig. 9.)

Tom. 1. feuille 3 *bis*. pl. 2 *ter*. fig. 3. pl. 2 *quart*. fig. 3.
Diurnes. *God.*

CETTE chenille vit sur la plupart des *crucifères* et des *résédacées*. Moins commune que les deux précédentes, on ne la trouve guère que dans les bois. Elle paraît deux fois, à la fin du printemps et en automne. Les individus de la première génération subissent toutes leurs métamorphoses dans le courant de l'été. Les autres passent l'hiver en chrysalide, et ne donnent leur papillon qu'au printemps suivant. Celui-ci habite de préférence les prairies qui avoisinent les bois.

10. PIÉRIDE AURORE.

PIERIS CARDAMINES. (Pl. 3, fig. 10.)

Tom. 1. feuille 3 *bis.* pl. 2. fig. 2. pl. 2 *quart.* fig. 2.
Diurnes. *God.*

CETTE chenille vit solitairement sur plusieurs espèces de *crucifères*, mais principalement sur la *cardamine impatiente* (*cardamine impatiens*) et sur la *tourette glabre* (*turritis glabra*). On la trouve en juin et juillet. Sa chrysalide passe l'hiver, et son papillon paraît depuis les premiers jours d'avril jusqu'à la fin de mai. Les bois un peu humides sont le séjour le plus ordinaire de cette espèce, qui est répandue dans toute l'Europe. Sa chrysalide a une forme différente de celle des autres Piérides, elle est renflée dans le milieu et fusiforme à ses deux bouts. La pointe qui termine son extrémité antérieure est souvent recourbée.

11. PIÉRIDE DAPLIDICE.

PIERIS DAPLIDICE. (Pl. 4 , fig. 11.)

Tom. 1. feuille 3 *bis*. pl. 2 *secund*. fig. 3. pl. 2. *quart*. fig. 2.
Diurnes. *God*.

CETTE chenille vit sur le *réséda jaune (reseda
lutea)*, la *tourette glabre (turritis glabra)*, la
fausse roquette (brassica erucastrum), le *sisymbre
des sages (sisymbrium sophia)* et le *thlaspi des
champs (thlaspi arvensis)*. On la trouve en juin
et en septembre. Les individus de la première
génération donnent leurs papillons en juillet
et août; ceux de la seconde passent l'hiver en
chrysalide et ne deviennent insectes parfaits
qu'au printemps suivant. Cette espèce fréquente
de préférence les prairies sèches et les jachères,
et devient d'autant plus commune que le pays
est plus chaud et plus inculte.

12. PIÉRIDE DE LA MOUTARDE.

PIERIS SINAPIS. (Pl. 4, fig. 12.)

Tom. 1. feuille 3 *bis.* pl. 2 *ter.* fig. 4. Diurnes. *God.*

Il semblerait que cette chenille dût vivre sur la *moutarde*, d'après le nom donné à son papillon ; cependant il n'est pas à notre connaissance qu'elle ait jamais été trouvée sur cette plante ni sur aucune autre *crucifère :* elle vit habituellement sur deux plantes de la famille des légumineuses , savoir : le *lotier corniculé* (*lotus corniculatus*) et la *gesse des prés* (*lathyris pratensis*). On la trouve en juin et en septembre. Les individus de la première époque donnent leur papillon en juillet et août, et ceux de la seconde en mai de l'année suivante. La chrysalide ressemble un peu à celle de la Piéride *Aurore*. L'insecte parfait vole isolément dans les bois humides et les prairies qui les avoisinent.

Cette espèce, par ses ailes très-oblongues, son corps linéaire et la forme particulière de sa chrysalide, mériterait peut-être de faire le type d'un genre parmi les Diurnes d'Europe.

B. *Chenilles sans tentacules.*

5. Genre COLIADE. *G. Colias.* Latr.

CARACTÈRES GÉNÉRIQUES.

Chenille pubescente, à tête globuleuse, à corps allongé, con-vexe en-dessus et plat en-dessous, avec les anneaux très-distincts.

Chrysalide anguleuse, plus ou moins renflée au milieu et ter-minée antérieurement par une seule pointe ; attachée par la queue, et retenue en outre d'une manière lâche par un lien transversal au milieu du corps.

QUOIQUE tous les papillons de ce genre soient plus ou moins communs, on n'en connaît encore que trois dont les chenilles ont été obser-vées. Deux de ces chenilles vivent sur les plantes légumineuses et la troisième sur les *nerpruns*. Le fond de leur couleur est d'un vert plus ou moins foncé. Leurs chrysalides diffèrent de celles des Piérides par un renflement très-considérable du côté de l'enveloppe des ailes. La ceinture trans-versale qui les retient parallèlement au plan de position est beaucoup plus lâche que dans les autres Papillonides.

ı3. COLIADE SOUFRE.

COLIAS HYALE. (Pl. 4 , fig. ı3.)

Tom. ı. pag. 47. pl. 2 *secund.* fig. 2. Diurnes. *God.*

CETTE chenille vit solitairement sur la *coronille bigarrée (coronilla variegata)*. On la trouve en juin et en septembre. Les individus de la première génération donnent leurs papillons en juillet et août, et ceux de la seconde en mai de l'année suivante après avoir passé l'hyver en chrysalide. L'insecte parfait aime à se reposer sur les fleurs de luzerne. Il est commun partout, et cependant sa chenille est à peine connue.

14. COLIADE SOUCI.

COLIAS EDUSA. (Pl. 4 , fig. 14.)

Tom. 1. feuille 3 *bis.* pl. 2 *secund.* fig. 1. Diurnes. *God.*

CETTE chenille vit solitairement sur plusieurs espèces de *trèfles*, de *luzernes* et de *cytises*. Elle paraît deux fois, en juin et en septembre. Les individus de la première génération donnent leurs papillons en juillet et août, et ceux de la seconde en mai de l'année suivante, après avoir passé l'hiver en chrysalide. Cette chenille est très-difficile à découvrir à raison de sa couleur verte qui empêche de la distinguer de la plante sur laquelle elle vit, et il en est de même de sa chrysalide.

L'insecte parfait est très-commun au mois d'août dans les prairies sèches et les champs de luzerne.

15. COLIADE CITRON.

COLIAS RHAMNI. (Pl. 4 , fig. 15.)

Tom. 1. pag. 43. pl. 2. fig. 1. Diurnes. *God.*

CETTE chenille vit solitairement sur le *nerprun purgatif* (*rhamnus catharticus*) et sur le *nerprun bourdaine* (*rhamnus frangula*). Elle se montre plusieurs fois pendant l'année, sans époques fixes; cependant c'est en septembre qu'on est plus sûr de la trouver : mais elle n'est pas facile à découvrir à cause de sa couleur, qui tranche peu avec celle des feuilles dont elle se nourrit. C'est inutilement d'ailleurs qu'on voudrait la faire tomber de l'arbre en frappant ou en secouant celui-ci : elle couvre de soie la feuille sur laquelle elle repose, et s'y cramponne si bien avec ses pattes membraneuses qu'il est impossible de l'en détacher sans la blesser.

Sa chrysalide est remarquable par le renflement considérable que forme l'enveloppe des ailes. Le lien en forme de ceinture par lequel elle est suspendue est très-lâche, et ses deux bouts se réunissent au même point, au lieu d'être écartés l'un de l'autre comme dans les autres espèces du même genre.

Le *Citron* est le précurseur du printemps : on le voit voler dès les premiers beaux jours de février, et comme cette saison n'est pas assez chaude pour l'éclosion des chrysalides, il est plus que probable que les papillons de cette espèce qui se montrent à cette époque sont des individus éclos à la fin de l'automne, qui hivernent dans des creux d'arbres ou dans d'autres endroits à l'abri du froid, et qui sortent de leur retraite aussitôt que la température se radoucit.

B. *Chenilles sans tentacules.*

6. Genre POLYOMMATE. *G. Polyommatus.* Latr.

CARACTÈRES GÉNÉRIQUES.

Chenilles onisciformes ou cloportes à pattes très-courtes. Chrysalides courtes, contractées et obtuses aux deux bouts, attachées seulement par un lien transversal très-serré au milieu du corps.

LES chenilles de ce genre très-nombreux en espèces se divisent en trois groupes naturels, comme les papillons qui en proviennent,

SAVOIR:

1º *Chenilles en forme de bouclier oblong, couvertes de poils très-courts, avec des impressions latérales. — Chrysalides courtes et presque ovoïdes.*

Ces chenilles sont ordinairement d'un vert-pâle, couvertes d'un duvet roussâtre, avec la tête d'un brun-clair ou d'un brun-foncé ; elles vivent en général sur les *rumex*, et se métamorphosent près de terre. Leurs papillons, à l'exception d'un seul (polyom. *Rubi*), sont d'un fauve-doré brillant en-dessus, et volent pour la plupart sur les prairies des montagnes. On appelle ces polyommates les *Bronzés.*

2ᵇ *Chenilles en forme de bouclier très - convexe ou élevé en bosse. — Chrysalides oblongues, un peu déprimées antérieurement.*

Ces chenilles ont la forme d'une casside ou d'un cloporte; elles sont pour la plupart d'une largeur égale, avec la tête noire, le dos élevé et souvent orné de couleurs variées. Elles vivent en général sur les plantes légumineuses, se métamorphosent sur la tige de ces plantes et quelquefois dans la terre. Les papillons qui en proviennent ont en général le dessus de leurs ailes d'un bleu-azuré chez le mâle, et d'un brun-foncé chez la femelle. Quelques espèces n'habitent que les pays de montagnes; les autres se trouvent partout. On appelle ces polyommates les *Azurins.*

3° *Chenilles en forme de bouclier plat, un peu élargi antérieurement et rétréci postérieurement, couvertes de poils fins et courts. — Chrysalides rugueuses ou raboteuses, convexes en-dessus et planes en-dessous, souvent hérissées de petits poils courts.*

Ces chenilles ressemblent un peu à celles de la division précédente; mais elles sont moins bombées et non d'égale largeur, et leurs couleurs sont moins variées. Elles ne vivent que sur les arbres ou les arbrisseaux, et leur métamorphose a lieu ordinairement sur les feuilles et loin de la terre. Les papillons de cette division se font remarquer par une petite queue linéaire, placée près de l'angle anal de leurs ailes inférieures , et souvent précédée extérieurement d'une dent plus ou moins saillante. Ils se distinguent en outre des autres Polyommates par le dessous de leurs ailes qui est traversé par une ou deux lignes blanches continues ou interrompues, au lieu d'être parsemé de points ou taches ocellées comme dans ceux des deux premières divisions. Ces papillons, appelés vulgairement *Petits-Porte-queues* , se trouvent pour la plupart dans les bois et aiment à se reposer sur les fleurs de ronce et sur celles du thym et du marrube.

Les chenilles des Polyommates sont très-difficiles à trouver; ce n'est guère qu'en battant les arbres et en fauchant, c'est-à-dire en traînant de droite et de gauche son filet sur les prairies qui renferment beaucoup de plantes légumineuses , sur les champs de luzerne et sur les buissons de genêt, qu'on parvient à s'en procurer quelques - unes. Celles qui appartiennent à la seconde division se contractent en boule, et se laissent tomber à terre au moindre ébranlement de la plante sur laquelle elles se trouvent placées. La plupart n'ont qu'une génération par an, et c'est principalement en mai et juin qu'il faut les chercher; elles sont difficiles à élever et croissent aussi lentement qu'elles marchent.

16. POLYOMMATE PHLÆAS.

POLYOMMATUS PHLÆAS. (Pl. 5 , fig. 16.)

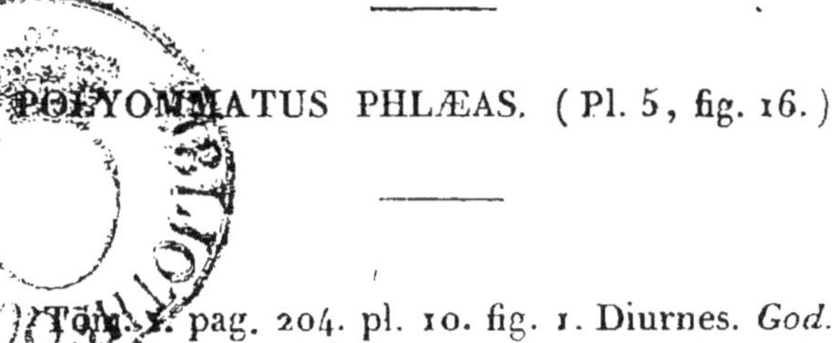

Tom. I. pag. 204. pl. 10. fig. 1. Diurnes. *God.*

CETTE chenille vit sur *l'oseille sauvage (rumex acetosa)*, et paraît à différentes époques de l'année. Les individus qu'on trouve en septembre passent l'hiver en chrysalide et ne donnent leurs papillons qu'en avril de l'année suivante. L'insecte parfait vole dans les clairières des bois depuis les premiers beaux jours du printemps jusqu'en automne ; il aime à se reposer à terre.

La plante représentée est celle indiquée ci-dessus.

17. POLYOMMATE HELLE.

***

POLYOMMATUS HELLE. (Pl. 5, fig. 17.)

***

Tom. II. pag. 184. pl. 23. fig. 5. 6. Diurnes. *God.*

Cette chenille vit sur la *patience* (*rumex patientia*) et paraît deux fois, en juin et septembre. Les individus de la première génération donnent leurs papillons en août, et ceux de la seconde en mai de l'année suivante, après avoir passé l'hiver en chrysalide.

Cette espèce ne se trouve que dans les prairies humides des montagnes d'une certaine élévation. Il n'est pas à ma connaissance qu'elle ait jamais été prise dans l'est de la France, quoique M. Godart dise qu'elle s'y trouve : tous les individus qui en existent dans les Collections de Paris proviennent d'Allemagne, et notamment des environs de Leipsick, où il paraît qu'elle est très-commune.

La plante représentée est celle indiquée ci-dessus.

18. POLYOMMATE DE LA VERGE D'OR.

POLYOMMATUS VIRGAUREÆ. (Pl. 5 , fig. 18.)

Tom. 1. pag. 202. pl. ix *secund.* fig. 5. et pl. x *secund.*
fig. 4. Diurnes. *God.*

CETTE chenille vit sur la *Verge d'or* (*solidago virgaurea*) et sur la *patience sauvage* (*rumex acutus*). Elle paraît deux fois, en juin et en septembre. Les individus de la première génération donnent leurs papillons en juillet et août , et ceux de la seconde en mai de l'année suivante, après avoir passé l'hiver en chrysalide.

Cette espèce se trouve principalement dans les prairies des montagnes secondaires. Je l'ai vue voler abondamment en traversant le Jura dans les premiers jours d'août , lors de mon retour d'Italie par Genève.

La plante représentée est la *Verge d'or* (*solidago virgaurea*).

19. POLYOMMATE DE LA RONCE.

POLYOMMATUS RUBI. (Pl. 5 , fig. 19.)

Tom. 1. pag. 206. pl. 10. fig. 3. et pl. 10 *secund.* fig. 5.
Diurnes. *God.*

Cette chenille vit sur la *ronce bleuâtre* (*rubus cæsius*), sur la *ronce frutescente* (*rubus fruticosus*), sur le *genét des teinturiers* (*genista tinctoria*), sur l'*esparcette* ou *sainfoin* (*hedysarum onobrychis*), sur le *genét à balais* (*genista scoparia*) et sur plusieurs espèces de *cytises*. Elle n'a qu'une génération par an. On la trouve parvenue à toute sa taille à la fin de l'été. Elle passe l'hiver en chrysalide et ne donne son papillon qu'en avril ou mai de l'année suivante. Celui-ci aime à se reposer sur toutes les plantes qui se trouvent en fleur à cette époque.

La plante représentée est la *ronce bleuâtre* (*rubus cæsius*).

20. POLYOMMATE DAMON.

POLYOMMATUS DAMON. (Pl. 6 , fig. 20.)

Tom. 11. pag. 190. pl. 24. fig. 5 et 6. Diurnes. *God.*

CETTE chenille vit sur plusieurs plantes légumineuses, mais principalement sur l'*esparcette couchée* (*hedysarum supinum*), qui croît sur les coteaux des provinces méridionales. On la trouve à la fin de mai, et son papillon paraît au mois de juillet. Il est très-commun dans les parties montagneuses du midi de la France ; je l'ai pris abondamment dans le département de la Lozère , ainsi que dans le voisinage des Pyrénées.

La plante représentée est le *sainfoin* (*hedysarum onobrychis*).

21. POLYOMMATE CYLLARUS.

POLYOMMATUS CYLLARUS. (Pl. 6 , fig. 21.)

Tom. 1. pag. 222. pl. 11. fig. 3. pl. xi *quart.* fig. 4.
Diurnes. *God.*

CETTE chenille vit sur l'*astragale réglisse* (*astragalus glycyphillos*), l'*astragale esparcette* (*astragalus onobrychis*), le *mélilot officinal* (*melilotus officinalis*), la *luzerne* (*medicago sativa*) et le *genêt ailé* (*genista sagittalis*). Elle paraît deux fois, en mai et en août. Les individus de la première génération subissent toutes leurs métamorphoses en six semaines; ceux de la seconde ne deviennent insectes parfaits qu'au mois d'avril de l'année suivante, après avoir passé l'hiver en chrysalide. Le papillon se trouve assez fréquemment dans les champs de luzerne qui avoisinent les bois, vers la fin de juin.

La plante représentée est l'*astragale réglisse* (*astragalus glycyphillos*).

22. POLYOMMATE ARGUS.

POLYOMMATUS ARGUS. (Pl. 6 , fig. 22.)

Tom. 1. pag. 215. pl. 11. fig. 1. pl. xi *tert.* fig. 4.
Diurnes. *God.*

Cette chenille vit sur le *mélilot officinal* (*melilotus officinalis*), le *genêt allemand* (*genista germanica*), le *genêt à balais* (*genista scoparia*), le *sainfoin* (*hedysarum onobrychis*) et autres légumineuses. Elle n'a qu'une génération par an. On la trouve dans le courant de mai, et son papillon paraît à la fin de juin. Celui-ci ne succède pas au Polyommate *Ægon*, comme le dit M. Godart; mais il le précède au contraire de quinze jours. Il vole dans les mêmes localités, c'est-à-dire dans les clairières des bois secs remplies de bruyères. Je l'ai pris abondamment dans le parc de Chambord et les environs de Nemours, et quelquefois au bois de Vincennes.

La plante représentée est le *Mélilot officinal* (*melilotus officinalis*).

23. POLYOMMATE ÆGON.

POLYOMMATUS ÆGON. (Pl. 6 , fig. 23.)

Tom. 1. pag. 217. pl. xi *secund.* fig. 4. Diurnes. *God.*

CETTE chenille vit sur le *genêt à balais (genista scoparia)*, ainsi que sur le *baguenaudier commun (colutea arborescens)*. On la trouve en mai, et son papillon paraît à la fin de juin et dans le courant de juillet. Il succède au Polyommate *Argus*, et vole comme lui dans les clairières des bois remplies de bruyères et de genêts. Il est très-commun.

La plante représentée est le *bagnaudier commun (colutea arborescens)*.

24. POLYOMMATE ALEXIS.

POLYOMMATUS ALEXIS. (Pl. 7 , fig. 24.)

Tom. 1. pag. 212. pl. xi *secund.* fig. 3. Diurnes. *God.*

Cette chenille, suivant Ochsenheimer, vit sur
la *bugrane (ononis spinosa)*, le *fraisier commun*
(*fragaria vesca*) et l'*astragale réglisse (astraga-*
lus glycyphyllos), mais nous l'avons toujours trouvée sur la *luzerne cultivée (medicago sativa).*
Elle paraît pour la première fois en mai, et pour
la seconde à la fin de juillet. Les chenilles de la
première génération donnent leurs papillons en
juin, et celles de la seconde en août et septembre. Quelques individus de cette dernière
époque ne deviennent insectes parfaits qu'au
printemps suivant, après avoir passé l'hiver en
chrysalide ; et c'est d'eux que proviennent les
chenilles que l'on trouve en mai.

Il est assez singulier que parmi les nombreuses
chenilles de Polyommates que figure Hubner,
celle - ci ne soit pas représentée, quoique une
des moins rares, car elles le sont toutes plus

ou moins. La figure qu'en donne Ernst est très-inexacte : il la représente couleur de chair avec des lignes latérales rouges surmontées de points noirs, tandis qu'elle est entièrement verte : nous en avons élevé plusieurs individus, et tous étaient de cette couleur. Cette éducation nous a donné lieu d'observer que ces chenilles se mangent entre elles lorsqu'on les laisse jeuner, et qu'elles se transforment sur terre sans se fixer préalablement par aucun lien. Une autre observation que nous consignerons ici, c'est que sur huit chrysalides que nous avons obtenues cette année (1832), il s'en est trouvé cinq qui contenaient chacune un ichneumon de la même espèce ; les autres ne nous ont donné que des femelles.

La plante représentée est la *luzerne cultivée* (*medicago sativa*).

25. POLYOMMATE ALSUS.

POLYOMMATUS ALSUS. (Pl. 7 , fig. 25.)

Tom. ii. pag. 208. pl. xxvi. fig. 5. 6. Diurnes. *God.*
Supplém. aux Diurnes. tom. i. pag. 84. *Dup.*

Cette chenille vit sur *l'astragale pois chiche* (*astragalus cicer*), plante qui croît ordinairement dans les régions sous-alpines, mais qu'on trouve aussi dans les endroits secs et pierreux des environs de Paris. Elle paraît deux fois, en mai et en juillet. On voit voler à la fin de juin les papillons provenant de la première génération, et en août ceux de la seconde. Cette espèce est très-commune dans la forêt de Fontainebleau et les environs de Nemours. On la trouve aussi, mais plus rarement, sur le coteau de Bellevue, à deux lieues de Paris.

La plante représentée est celle indiquée ci-dessus.

26. POLYOMMATE DU PRUNIER.

———

POLYOMMATUS PRUNI. (Pl. 7 , fig. 26.)

———

Tom. 1. pag. 184. pl. 9. fig. 2. Diurnes. *God.*

CETTE chenille vit sur l'*épine-vinette*, le *noise-tier*, le *chéne*, le *bouleau*, et le plus ordinaire-ment sur le *prunier épineux* (*prunus spinosa*). Elle ne paraît qu'une fois par an, en mai, et son papillon éclôt du 10 au 20 juin, époque passée laquelle on ne le trouve plus que gâté. Ce papillon ne vole que par un temps chaud et serein dans les clairières des bois, où il aime à se reposer sur les buissons, principalement sur ceux du *cornouiller sanguin* (*cornus sanguineus*), qui est alors en fleurs. Il est très-commun certaines an-nées dans la forêt de Bondy, et cette localité est la seule des environs de Paris où je l'ai trouvé jusqu'à présent ; cependant il paraît qu'on l'a pris également dans les bois de Versailles.

La chenille de cette espèce est très-difficile à trouver, et sa chrysalide diffère de celles des au-tres Polyommates de la même division en ce que son abdomen, très-renflé, est garni de tu-bercules pointus.

La plante représentée est le *prunier épineux* (*prunus spinosa*).

27. POLYOMMATE DU BOULEAU.

POLYOMMATUS BETULÆ. (Pl. 7, fig. 27.)

Tom. 1. pag. 182. pl. 9. fig. 1. Diurnes. *God.*

CETTE chenille vit sur le *bouleau blanc* (*be-tula alba*), le *prunier épineux* (*prunus spinosa*) et principalement sur le *prunier domestique* (*prunus domestica*) ; aussi son papillon se rencontre-t-il plus souvent dans les jardins fruitiers que dans les bois. Elle ne paraît qu'une fois dans le courant de juin, et sa transformation en chrysalide a lieu ordinairement à la fin de ce mois. L'insecte parfait se montre depuis le milieu de juillet jusqu'en septembre.

Cette espèce se trouve dans toute l'Europe , mais elle est solitaire et n'est abondante nulle part.

La plante représentée est le *bouleau blanc* (*betula alba*).

28. POLYOMMATE W-BLANC.

POLYOMMATUS W-ALBUM. (Pl. 8, fig. 28.)

Tom. 1. pag. 188. pl. ix *tert.* fig. 2. Diurnes. *God.*

CETTE chenille vit exclusivement sur l'*orme commun* (*ulmus campestris*). Elle est du nombre de celles qui ne se montrent qu'une fois par an. Parvenue à toute sa taille à la fin de mai ou au commencement de juin, elle cherche un abri pour se chrysalider, et il n'est pas rare alors de la rencontrer sur le tronc de l'arbre où elle est née. Son papillon paraît du 20 juin au 10 juillet; autant il est rare dans les bois, autant il est commun dans les promenades désertes plantées d'ormes. Il aime à se reposer sur les fleurs du *marrube blanc* (*marrubium vulgare*); on le voit par centaines dans les endroits où cette plante abonde.

La plante représentée est celle indiquée ci-dessus.

29. POLYOMMATE DU PRUNELLIER.

POLYOMMATUS SPINI. (Pl. 8, fig. 29.)

Tom. ii. pag. 167. pl. xxi. fig. 8 et 9. Diurnes. *God.*

Cette chenille vit sur le *prunellier* (*prunus spinosa*). Elle ne paraît qu'une fois par an, et son papillon vole en juillet et août.

Cette espèce paraît étrangère au nord et à l'ouest de la France; on commence seulement à la trouver à partir de Dijon, et elle est très-commune aux environs de Lyon. Elle vole dans les clairières des bois.

La plante représentée est celle indiquée ci-dessus.

3o. POLYOMMATE DU CHÊNE.

POLYOMMATUS QUERCUS. (Pl. 8, fig. 3o.)

Tom. 1. pag. 190. pl. **9** *secund.* fig. 1. et pl. ix *tert.* fig. 3.
Diurnes. *God.*

CETTE chenille vit sur le *chêne ordinaire (quercus robur)*. On la trouve dans le courant de juin, et son papillon vole dans les quinze premiers jours de juillet. On se la procure quelquefois en la faisant tomber de l'arbre sur lequel elle vit.

Cette espèce n'est pas rare dans les bois; mais elle est difficile à prendre, parce qu'elle vole presque toujours à la cîme des arbres, où l'on voit les deux sexes se poursuivre continuellement. Elle ne se montre qu'une fois par an.

La plante représentée est celle indiquée ci-dessus.

81. POLYOMMATE LYNCÉE.

POLYOMMATUS LYNCEUS. (Pl. 8 , fig. 31 .)

Tom. 1. pag. 186. pl. ix. *tert.* fig. 1. Diurnes. *God.*

CETTE chenille, qui n'a qu'une génération par an, vit sur le *chéne ordinaire* (*quercus robur*). On la trouve parvenue à toute sa taille dans les premiers jours de juin, et son papillon paraît du 20 de ce mois au 15 juillet. Elle est d'abord d'un beau vert et devient couleur de chair quelque temps avant de se chrysalider.

Quoique cette espèce soit très-commune dans l'état parfait, il est rare de rencontrer sa chenille; celle-ci se tient de préférence sur les taillis des jeunes chênes, qu'il faut secouer fortement pour l'en faire tomber. C'est ainsi que M. Pierret fils s'en est procuré deux individus qu'il a bien voulu me donner, et qui sont figurés dans cet ouvrage.

L'insecte parfait aime à se reposer sur les fleurs de ronce et de serpolet.

La plante représentée est le *chéne ordinaire* (*quercus robur*).

32. POLYOMMATE XANTHÉ.

POLYOMMATUS XANTHE. (Pl. 9, fig. 32.)

Tom. 1. pag. 196. pl. 9. *secund.* fig. 3. pl. 10. *secund.* fig. 1.
Diurnes. *God.*

CETTE chenille, représentée sur une branche de *genêt à balais*, n'est décrite ni figurée dans aucun auteur à ma connaissance. Comme celles des autres Polyommates de la même division, elle est en forme de bouclier oval, renflé dans le milieu et déprimé sur les côtés. Sa couleur générale est d'un vert clair, avec une ligne latérale jaune formant rebord au-dessus des stigmates qui sont noirs et visibles seulement à la loupe. On voit en outre de chaque côté du corps sept lignes obliques d'un vert plus foncé. Toutes les pattes sont vertes et la tête noire.

La chrysalide a la même forme que celle du Polyommate *Phlœas ;* cependant elle est un peu plus déprimée sur les côtés dans sa partie antérieure. Elle est d'un brun-rougeâtre, finement pointillée de brun plus foncé, et hérissée de poils courts, avec trois rangées de points noirâtres sur l'abdomen.

Cette chenille paraît deux fois, à la fin de juin et dans le courant de septembre. Les individus de la première époque donnent leurs papillons en août, et ceux de la seconde en mai de l'année suivante, après avoir passé l'hiver en chrysalide. Elle vit, suivant Fabricius, sur l'*oseille* (*rumex acetosa*); mais l'individu figuré a été trouvé sur le *genét à balais* (*genista scoparia*). Son papillon se montre fréquemment dans les clairières des bois secs où abonde cette dernière plante.

Nota. L'individu figuré est un peu plus grand que nature.

B. *Chenilles sans tentacules.*

7. Genre Érycine. *G. Erycina.* Fabr.

CARACTÈRES GÉNÉRIQUES.

Chenille presque ovale, couverte de poils courts, avec la tête petite et arrondie, les pattes à peine visibles.
Chrysalide arrondie, hérissée de poils ; attachée par la queue et par un lien transversal au milieu du corps.

L'Europe n'a fourni jusqu'à présent qu'une seule espèce à ce genre qui en renferme beaucoup d'exotiques. Cette espèce unique (*Lucina*), faute d'avoir été observée dans ses premiers états, a été classée par tous les auteurs qui en ont parlé parmi les *Argynnes* ou les *Mélitées*, dont elle porte en effet la livrée dans son état parfait ; mais en l'examinant avec attention dans cet état même, on voit qu'elle en diffère essentiellement par ses palpes et ses antennes qui sont comme ceux des Polyommates ; on voit également qu'elle se rapproche beaucoup de ces derniers par la forme du corselet et de l'abdomen ; de sorte qu'on ne pourrait se dispenser de la ranger parmi eux si ses pattes antérieures n'étaient extrêmement courtes et en forme de palatine comme chez les *Nymphalides*. Or, c'est

là le caractère qui distingue principalement les
Érycines des *Polyommates*. Toutefois elle diffère
tellement des *Érycines* exotiques par son *facies*,
qu'elle mériterait peut-être de former le type
d'un genre particulier.

Quant à sa chenille et à sa chrysalide, elles
ont les plus grands rapports avec celles des *Polyommates* pour la forme; mais elles sont hérissées de longs poils, tandis que ces dernières ne
sont que pubescentes.

33. ÉRYCINE LUCINE

ERYCINA LUCINA. (Pl. 9 , fig. 33.)

Tom. 1. pag 82. pl. 4. *quart.* fig. 3, et pl. 4. *quint.* fig. 5.
Diurnes. *God.*

La chenille de cette espèce est de forme elliptique, un peu aplatie, d'un brun-roux, couverte de faisceaux de poils de même couleur, avec une ligne dorsale plus foncée, surchargée de points noirs, dont un sur chaque anneau. La tête est petite, arrondie et d'un brun - rougeâtre. Les pattes sont extrêmement courtes et à peine visibles, comme dans les *Polyommates.*

La chrysalide est jaunâtre, hérissée de longs poils noirâtres, et marquée de nombreux points noirs rangés en cercle, avec l'enveloppe des ailes bordée de noir.

Cette chenille vit sur différentes espèces de *primevère* (*primula*). Elle paraît deux fois, en juin et en septembre. Les individus de la première génération donnent leurs papillons en août, et ceux de la seconde en mai de l'année suivante. Ceux-ci, après s'être engourdis pendant l'hiver, continuent de croître au printemps et se changent en chrysalide dans le courant d'avril. L'insecte parfait est très-commun dans les forêts humides, surtout en mai.

La plante représentée est le *primevère officinal* (*primula officinalis*).

TRIBU II.

NYMPHALIDES. *Nymphalides.*

Chrysalides ou anguleuses, ou gibbeuses, ou arrondies; toutes suspendues seulement par la queue, la tête en bas.

A. *Chenilles non épineuses.*

8. Genre LIBYTHÉE. *G. Libythea.* Latr.

CARACTÈRES GÉNÉRIQUES.

Chenille pubescente, d'égale grosseur dans sa longueur, avec la tête globuleuse.
Chrysalide à angles arrondis et dont la tête se termine par une seule pointe obtuse; suspendue seulement par la queue.

Ce genre ne renferme que six espèces dont une d'Europe. Il est très-caractérisé dans l'insecte parfait :

1° Par les antennes terminées en massue allongée et cylindrique ;

2° Par les palpes inférieurs en forme de bec très-prolongé ;

3° Par la différence qui existe entre les pattes de la femelle, qui sont toutes d'égale longueur et ambulatoires, et celles du mâle dont les deux antérieures sont courtes et repliées en forme de palatine.

Par la forme de leurs chenilles les *Libythées* ont du rapport avec les *Piérides;* mais par celle de leurs chrysalides à angles arrondis et suspendues verticalement par la queue, elles se rapprochent des *Satyres.* On ne connaît au reste qu'une seule espèce dans ses premiers états : c'est celle qui appartient à l'Europe et dont nous donnons l'histoire ci-après.

34. LIBYTHÉE DU MICOCOULIER.

LIBYTHEA CELTIS. (Pl. 9 , fig. 34.)

Tom. 11. pag. 52. pl. F. VI. fig. 5. Diurnes. *God.*

On trouve une description détaillée des métamorphoses de cette espèce par Laicharting , dans les archives entomologiques de Fuessly. La chenille varie de livrée en changeant de peau; après sa dernière mue, elle est pubescente et reste telle que nous l'avons représentée : alors elle offre deux variétés. La première est entièrement verte, y compris les pattes et la tête , avec trois lignes longitudinales blanches , dont une dorsale et deux latérales , entre lesquelles sont placés des points noirs groupés deux par deux sur chaque anneau. La seconde diffère de la première en ce que la ligne blanche latérale est remplacée par une bande couleur de chair pointillée de brun , et en ce que les pattes sont noires et la tête d'un jaune sale.

Cette chenille vit sur le *micocoulier austral* (*celtis australis*), et à son défaut on peut la nourrir avec le *cerisier*, comme l'a fait Laicharting. On la trouve au commencement de mai, et son papillon vole en juin.

La chrysalide est ovale à angles arrondis, avec une seule pointe obtuse à la tête. Sa couleur est verte, avec l'enveloppe des ailes bordée de blanc et une ligne blanche sur la carène du dos.

Cette espèce n'habite que les parties méridionales de l'Europe; elle n'est pas rare dans les départements de la France qui bordent la Méditerranée.

La chenille est représentée sur une branche de *micocoulier austral (celtis australis)*.

B. *Chenilles épineuses.*

9. Genre VANESSE. *G. Vanessa.* Fabr.

CARACTÈRES GÉNÉRIQUES.

Chenille ayant la tête échancrée en cœur dans sa partie su-
périeure, et couverte d'aspérités velues ; le corps garni de
six ou sept rangées longitudinales d'épines velues ou ra-
meuses, d'égale longueur sur tous les anneaux.
Chrysalide anguleuse, ayant la partie supérieure de la tête
quelquefois arrondie, mais le plus souvent terminée par
deux pointes ; le dos armé de deux rangées de tubercules
plus ou moins aigus ; suspendue seulement par la queue.

TOUTES les chenilles de Vanesses que l'on connaît ont le corps armé d'épines, les unes simples
et garnies de poils comme chez le *Morio* et le
Paon de jour, les autres rameuses ou branchues
comme chez la *Grande Tortue*, le *Gamma*, le
Vulcain, etc. Le nombre de ces épines varie
d'une espèce à l'autre. La plupart sont rangées
sur six ou sept lignes longitudinales ; mais leur
nombre n'est pas le même sur chaque anneau :
les intermédiaires sont ceux qui en ont le plus ;
le premier en est toujours dépourvu, et le dernier n'en a souvent que deux.

La tête de toutes ces chenilles est plus ou

moins échancrée en cœur; chez l'une d'elles, celle du *Gamma*, elle est surmontée de deux tubercules hérissés de poils en forme d'oreilles, et chez une autre, celle des *Cartes géographiques brune et fauve* qui ne forment qu'une espèce, elle est armée de deux épines semblables à celles du corps. Chez toutes, elle est couverte d'aspérités velues ou hérissées de pointes courtes.

Leurs chrysalides sont toutes plus ou moins anguleuses, avec la tête bifurquée et deux rangées d'épines sur le dos. Ces épines sont plus ou moins longues et pointues suivant les espèces, et, dans le milieu de l'intervalle qui les sépare, on voit souvent une ligne de tubercules arrondis. D'autres tubercules se voient sur la partie antérieure et arrondie qui correspond au corselet; et celui du milieu, toujours plus saillant que les autres, a plus ou moins la forme d'un nez aquilin. La plupart de ces chrysalides sont ornées de taches d'or ou d'argent, et quelques-unes même paraissent entièrement dorées; mais cet éclat dure peu et disparaît à mesure que le papillon se forme.

La plupart des chenilles de *Vanesses* d'Europe se nourrissent exclusivement d'*orties*, et sous ce rapport on ne les accusera pas de nous être nuisibles comme celles qui vivent aux dépens des plantes qui nous sont utiles. On fera encore moins ce reproche à l'une d'elles qui vit sur les *chardons*, et qui produit un papillon dont le nom indique l'élégance (*la Belle Dame*). Quant aux autres qui vivent sur les arbres, elles sont trop peu nombreuses pour qu'on s'aperçoive de leurs dégâts, si elles en commettent. Ainsi ces chenilles, dont les papillons réjouissent la vue par l'éclat de leurs couleurs et la légèreté de leur vol, sont du petit nombre de celles que nous n'avons aucun intérêt à détruire. Mais si elles n'ont pas l'homme pour ennemi, elles en ont un redoutable dans une espèce de petit ichneumon qui les harcèle continuellement, et qui finit par déposer ses œufs dans leur corps, malgré les épines dont elles sont armées et la précaution que prennent quelques-unes d'elles pour se soustraire à sa vue. Nulle chenille, en effet, n'est plus souvent piquée par cet hyménoptère que celles dont il s'agit : sur dix, il s'en trouve à peine quatre qui ne soient pas ichneumonées.

Presque toutes ces chenilles ont deux générations par an ; quelques-unes même en ont davantage et sans époque fixe, ainsi qu'on le verra à l'histoire particulière de chaque espèce, à laquelle nous renvoyons pour ne pas nous répéter.

35. VANESSE MORIO.

VANESSA ANTIOPA. (Pl. 10, fig. 35.)

Tom. 1. pag 92. pl. 5. fig. 1. Diurnes. *God.*

CETTE chenille vit en société sur plusieurs espèces de *saule* et de *peuplier*, ainsi que sur le *bouleau* et même sur l'*orme*. Elle se tient ordinairement à la cime de ces différents arbres, et n'en descend que pour se transformer. Elle paraît pour la première fois à la fin de juin, et pour la seconde à la fin d'août. Les papillons de la première génération volent en juillet, et ceux de la seconde en septembre. Quelques-uns de ces derniers, saisis par les premiers froids avant d'avoir trouvé à s'accoupler, se réfugient dans des creux d'arbres, où ils restent engourdis pendant l'hiver. La chaleur du printemps vient les ranimer, et c'est ainsi qu'on en voit voler dès les premiers beaux jours de février. Ils diffèrent de ceux qu'on trouve en été par la couleur de la bordure de leurs ailes qui est blanche au lieu d'être jaune comme dans les autres ; mais cette différence n'est qu'une altération causée par le froid et l'humidité, auxquels ils ont été exposés pendant leur engourdissement, et ne constitue pas une variété dans l'espèce, comme le croient quelques amateurs.

La chenille du *Morio* est armée de soixante-deux épines simples et garnies de poils, réparties en nombre inégal sur chaque anneau, excepté sur le premier qui en manque.

Cette chenille est très-vorace et croît promptement ; son papillon, qui ne reste pas plus de dix ou douze jours en chrysalide, aime à sucer les prunes et les abricots qu'on laisse pourrir sur l'arbre ; aussi est-il plus commun dans les jardins fruitiers que partout ailleurs.

Cette espèce est répandue dans toute l'Europe, dans l'Asie - Mineure et dans l'Amérique septentrionale. Elle est absolument la même dans toutes les contrées qu'elle habite.

La chenille est représentée sur une branche de *saule ordinaire* (*salix alba*).

36. VANESSE PAON DE JOUR.

VANESSA IO. (Pl. 10 , fig. 36.)

Tom. 1. pag. 96. pl. 5. fig. 2. Diurnes. *God.*

Cette chenille est armée d'épines simples et garnies de poils comme celle du *Morio*, mais seulement au nombre de cinquante-six, réparties d'une manière inégale sur chaque anneau, à l'exception du premier qui en manque. Elle vit en nombreuse société sur la *grande ortie (urtica dioica)* et sur le *houblon commun (humulus lupulus)*; mais elle se disperse quelque temps avant sa transformation, de sorte qu'on n'en voit plus que quelques-unes sur la plante qui, la veille, en était couverte. C'est principalement sur les *orties* qui croissent à l'ombre le long des haies et des murs qu'il faut la chercher. On en trouve souvent des nichées composées de deux ou trois cents individus. Elle paraît deux fois comme celle du *Morio*, et à peu près aux mêmes époques, c'est-à-dire à la fin de juin et dans le courant d'août. Elle croît très-promptement, et son papillon se développe au bout de huit ou dix jours dans les étés chauds. Les individus de la première génération volent en juillet, et ceux de la seconde en septembre. Quelques-uns de ces derniers, comme dans le *Morio*, saisis par les premiers froids avant de s'être accouplés, passent l'hiver dans l'engourdissement, et reparaissent au printemps suivant pour perpétuer leur race.

La couleur de la chenille ne varie jamais ; mais il n'en est pas de même de la chrysalide, dont nous avons fait représenter les deux variétés les plus tranchées.

La Vanesse *IO* est très-commune dans les champs de trèfle et de luzerne, qui avoisinent les bois et les prairies.

La chenille est représentée sur la *grande ortie* (*urtica dioica*).

37. VANESSE PETITE TORTUE.

VANESSA URTICÆ. (Pl. 10 , fig. 37.)

Tom. 1. pag. 91. pl. 5 *secund.* fig. 1. Diurnes. *God.*

CETTE chenille est armée d'épines branchues, dont le nombre varie de soixante-neuf à soixante-treize, et réparties d'une manière inégale sur chaque anneau, excepté sur le premier qui en manque. Elle vit exclusivement sur la *grande* et *petite ortie*, mais plus ordinairement sur la grande (*urtica dioica*). A leur sortie de l'œuf, tous les individus d'une même ponte se réunissent sous une toile commune qu'ils ont filée pour se garantir du froid; mais, moins délicats après leur première mue, ils commencent à se disperser sur les feuilles et finissent par vivre isolément jusqu'à leur transformation. On trouve de ces chenilles parvenues à différents âges, depuis la fin d'avril jusqu'en septembre ; de sorte que cette espèce semblerait n'avoir pas d'époque fixe pour se propager, comme celles dont nous avons parlé jusqu'à présent; aussi voit-on voler son papillon pendant huit mois de l'année. Cependant, c'est en juillet qu'il est le plus commun, et c'est en juin qu'on trouve le plus abondamment sa chenille. Du reste, ses habitudes sont les mêmes que celles du *Paon de jour*, dont nous avons déjà parlé.

La plante représentée est la *grande ortie* (*urtica dioica*).

38. VANESSE GRANDE TORTUE..

VANESSA POLYCHLOROS. (Pl. 11, fig. 38.)

Tom. 1. pag. 88. pl. 6. fig. 2. Diurnes. *God.*

CETTE chenille est armée de soixante-treize épines branchues, comme celle de la *Petite Tortue*, et réparties d'une manière inégale sur chaque anneau, excepté sur le premier qui en est dépourvu. Elle vit en société sur les mêmes arbres que celle du *Morio*, mais plus particulièrement sur l'*orme*, et paraît comme elle en juin et en août, de même que son papillon se montre aussi deux fois, en juillet et en septembre. La première génération est ordinairement plus féconde que la seconde; mais le contraire arrive certaines années. Au reste, cette espèce est commune et répandue partout; et sa manière de vivre dans l'état parfait, comme sous celui de chenille, est la même que celle du *Morio*.

La chenille est représentée sur l'*orme* (*ulmus campestris*).

39. VANESSE GAMMA.

VANESSA. C-ALBUM. (Pl. 11, fig. 39.)

Tom. 1. pag. 85. pl. 5. fig. 3, et pl. 5. *tert.* fig. 1.
Diurnes. *God.*

QUOIQUE cette espèce se rencontre partout dans l'état parfait, on trouve rarement sa chenille. Celle-ci vit solitaire sur l'*orme*, le *groseillier*, le *prunellier*, le *houblon* et quelquefois sur la *grande ortie*. Réaumur l'a surnommée la *Bedeaude*, parce que, dit-il, son habit est de deux couleurs comme celui des *bedeaux* : en effet, ses quatre premiers anneaux sont fauves ou ferrugineux, tandis que les autres sont d'un blanc-bleuâtre. On remarque aussi sa tête surmontée de deux tubercules garnis de poils qui ressemblent à des oreilles. Son corps est armé de soixante-sept épines branchues, dont quatre sur le second anneau (le premier en est dépourvu), six sur le troisième et sept sur chacun des suivants, à l'exception des deux derniers qui en portent chacun deux. Sa chrysalide se fait remarquer non-seulement par les taches d'or ou d'argent dont elle est ornée comme la plupart de celles des Vanesses, mais aussi par sa forme des plus bizarres qui la fait ressembler à un masque de satyre lorsqu'on la regarde sur le dos.

Cette chenille paraît à deux époques, en juin et en août. Les individus de la première génération donnent leurs papillons en juillet, et ceux de la seconde en septembre. Quelques-uns de ceux-ci survivent à l'hiver et reparaissent au printemps.

Cette espèce, quoique douée d'un vol rapide, s'écarte peu du lieu qui l'a vue naître.

La chenille est représentée sur l'*orme* (*ulmus campestris*).

40. VANESSE V. BLANC.

VANESSA V. ALBUM. (Pl. 11, fig. 40.)

Tom. 1. pag. 145. pl. 23. fig. 2. 3. Suppl. aux Diurnes. *Dup.*

CETTE chenille, dont nous avons emprunté la figure à Hubner, n'espérant pas nous la procurer en nature, est représentée sur une branche d'*argousier faux nerprun* (*hippophaë rhamnoides*), arbrisseau épineux qui croît dans les montagnes sur les bords des torrents ; mais suivant les auteurs du Catalogue de Vienne, elle vit aussi sur le *saule helix* (*salix helix*), qui pousse dans les mêmes localités. Son corps est jaune, avec trois lignes longitudinales bordées de blanc, dont une dorsale et deux latérales, et les stigmates orangés. La tête, les épines et les pattes écailleuses sont noires, et les membraneuses de la couleur du corps.

Quant à la chrysalide, dont Hubner ne donne pas la figure, elle ressemble, dit Ochsenheimer, à celle de la Vanesse *Polychloros*.

Cette espèce, qui habite l'Autriche, la Hongrie et plusieurs parties de l'Allemagne, n'a pas encore été trouvée en France.

41. VANESSE VULCAIN.

VANESSA ATALANTA. (Pl. 12, fig. 41.)

Tom. 1. pag. 99. pl. 6. fig. 1. Diurnes. *God.*

CETTE chenille offre plusieurs variétés, dont les deux plus remarquables ou les plus tranchées sont celles que nous avons fait représenter. Sa forme est plus courte et plus ramassée que celle des autres espèces, et les épines branchues dont son corps est armé sont visiblement plus courtes. Ces épines sont au nombre de soixante-dix ou de soixante-quatorze suivant les individus, et réparties ainsi qu'il suit : le premier anneau en manque; le second et le troisième en ont chacun quatre ou six ; les huit suivants en portent chacun sept, et le dernier six.

Cette chenille vit solitairement sur toutes les espèces d'*orties*, principalement sur celles qui croissent le long des murs ou des haies ; mais c'est inutilement qu'on l'y chercherait si l'on ne savait sa manière de vivre : au lieu de se tenir en évidence sur la plante comme celles du *Paon de jour* et de la *Petite Tortue*, elle choisit une ou deux feuilles qu'elle replie sur elles - mêmes, et dont elle réunit les bords par des fils, afin de s'en former une cellule où elle ne soit pas vue de ses ennemis. Cependant, comme c'est aux dépens de cette cellule dont elle ronge les feuilles qu'elle se nourrit, elle est obligée de s'en fabriquer une nouvelle chaque fois qu'elle se trouve à découvert dans la première. C'est ainsi qu'elle passe sa vie en recluse depuis sa sortie de l'œuf jusqu'à sa transformation, ce qui ne l'empêche pas d'être souvent la proie des ichneumons qui savent bien la découvrir dans sa retraite.

Sa chrysalide est beaucoup moins anguleuse que celles des espèces précédentes. Elle est tantôt d'un gris-bleuâtre et tantôt d'un gris-rougeâtre ou brunâtre, avec des taches d'or plus ou moins brillantes.

La Vanesse *Vulcain* est commune dans toute l'Europe; elle habite aussi la Barbarie, l'Égypte et l'Asie-Mineure. On la trouve ainsi que sa chenille pendant huit mois de l'année, mais jamais plus abondamment qu'en août et septembre.

La plante représentée est la *grande ortie* (*urtica dioica*).

42. VANESSE BELLE DAME.

VANESSA CARDUI. (Pl. 12 , fig. 42.)

Tom. 1. pag. 102. pl. 5. *secund.* fig. 2. Diurnes. *God.*

Cette chenille vit solitaire sur les différentes espèces de *chardons* et de *cirses*, principalement sur le *chardon à feuilles d'acanthe* (c. *acanthoides*) et sur celui à *têtes penchées* (c. *nutans*). On la trouve aussi quelquefois sur l'*artichaut* et très-rarement sur l'*ortie*. Elle offre plusieurs variétés, dont nous avons représenté les deux plus tranchées. Son corps est armé d'épines branchues au nombre de soixante-dix, dont quatre sur chacun des deuxième et troisième anneaux, sept sur chacun des sept intermédiaires, quatre sur l'avant-dernier, et deux sur le dernier : le premier en est dépourvu.

Depuis sa sortie de l'œuf jusqu'à son entier accroissement, elle se tient constamment au milieu d'un réseau à claire-voie qui ressemble beaucoup à un nid d'araignée, et qui est ordinairement soutenu par une bifurcation de la plante.

Renfermée dans ce nid, elle n'en sort que la partie antérieure de son corps pour se nourrir des feuilles qui se trouvent à sa portée, et dont elle n'attaque que le parenchyme. Elle change plusieurs fois de nid pendant sa vie, c'est-à-dire à mesure qu'elle grossit, ou que la nourriture vient à manquer autour d'elle. Parvenue à toute sa taille, elle quitte définitivement sa demeure pour chercher un abri plus sûr, où elle puisse se transformer en chrysalide. Celle-ci est tantôt toute dorée, et tantôt avec des taches d'or ou d'argent sur un fond gris ou rougeâtre. Sa forme est à peu près celle de la chrysalide du *Vulcain*, mais plus allongée et avec les angles encore plus arrondis.

La chenille de la *Belle Dame* paraît deux fois, en juin et en août. Les individus de la première génération donnent leurs papillons en juillet, et ceux de la seconde en septembre.

Cette espèce est répandue par toute la terre, et d'autant plus commune que le pays est plus sec et plus chaud, surtout en automne. On a comparé entre eux des individus pris dans les climats les plus opposés, et l'on n'y a trouvé aucune différence ; seulement on a remarqué que ceux de la Nouvelle-Hollande étaient d'un tiers plus petits.

Une observation que j'ai faite sur ce papillon, et

que je crois devoir consigner ici, c'est qu'il ne
se retrouve pas tous les ans dans les mêmes localités : il en disparaît même entièrement plusieurs
années de suite, sans qu'on puisse se rendre raison de cette disparition. C'est ainsi que cette
année (1832), je n'en ai pas vu voler un seul,
ni pu trouver sa chenille aux environs de Paris,
dans des lieux où il est ordinairement très-commun.

La plante représentée est le *chardon à feuilles
d'acanthe (carduus acanthoides)*.

43. VAN. CARTE GÉOGRAPHIQUE BRUNE.

VANESSA PRORSA. (Pl. 13 , fig. 43.)

44. VAN. CARTE GÉOGRAPHIQUE FAUVE.

VANESSA LEVANA. (Pl. 13, fig. 44.)

Tom. 1. pag. 105. pl. 5 *secund.* fig. 3 , et pl. 5 *tert.* fig. 2. pag. 108. pl. 5 *secund.* fig. 4 , et pl. 5. fig. 3. Diurnes. *God.*

Nous réunissons ces deux Vanesses dans le même article, attendu que malgré leur dissemblance, il est reconnu aujourd'hui qu'elles ne constituent qu'une espèce. Voici les expériences qui ont été faites pour s'en convaincre, et qui ne permettent pas d'en douter.

Sur un certain nombre de chrysalides provenant de la même nichée de chenilles trouvées dans le courant de juin, on a laissé éclore les unes dans leur temps, c'est-à-dire en juillet, et on a mis les autres à la cave pour en retarder l'éclosion jusqu'au printemps suivant. Celles - ci ont donné des *Cartes Géographiques fauves (le-*

vana) et les autres des *Cartes Géographiques
brunes* ou *noires* (*prorsa*). On a fait plus : on a
laissé quelques-unes de ces chrysalides à la cave
jusqu'au mois de juillet, et alors seulement on
les a soumises à l'influence de la chaleur de la
saison ; elles ont produit des *Cartes Géographiques noires.* Enfin, parmi ces éclosions il s'est
trouvé quelques individus qui participaient des
deux couleurs, et dont quelques auteurs ont fait
une troisième espèce sous le nom de *Porima.*

On pourrait conclure de ces expériences que
la *Carte Géographique brune* ou *noire* (*prorsa*)
serait le type de l'espèce, et que la *fauve* ou
rouge (*levana*) n'en serait qu'une variété occasionnée par l'influence du froid auquel sa chrysalide aurait été soumise pendant l'hiver ; variété
devenue constante par la répétition annuelle de
la même cause.

Toujours est-il que cette dernière ne se montre
jamais qu'au printemps , c'est-à-dire à la fin d'a-
vril , qu'elle se montre seule et en petite quantité, et qu'elle ne reparaît plus le reste de l'année ; de même qu'il est constant que la *brune* ou
la *noire* ne commence à paraître qu'au mois de
juillet, qu'elle se montre également seule, mais
en plus grand nombre que la *rouge*, et que l'on
continue de la trouver jusqu'à l'arrière-saison
dans les localités où elle est commune. Ainsi la

noire provient nécessairement d'œufs pondus par la *rouge*, qui éclosent en juin, et la *rouge* d'œufs pondus par la *noire* qui éclosent en août ou septembre, et dont les chenilles ne deviennent papillons qu'après avoir passé l'hiver en chrysalide.

Cependant tous les auteurs qui ont décrit ou figuré ces deux variétés, les ont considérées comme espèces, et ont même assigné à chacune sa chenille et sa chrysalide. La vérité est que, dans une même nichée de chenilles, on en trouve plusieurs variétés, dont les plus remarquables sont celles que nous avons représentées au nombre de trois, savoir : une toute noire, avec les pattes membraneuses rougeâtres; une autre qui ne diffère de celle-là que par une bande rougeâtre au-dessus des pattes, enfin une fauve avec six raies brunes, la tête noire et quelques taches de cette dernière couleur sur les trois premiers anneaux. Roësel a figuré la première, comme produisant la *Carte Géographique fauve* (*levana*), et les deux autres comme appartenant à la *noire* (*prorsa*). Pour nous, nous avons eu occasion d'élever en 1825, une nichée de trente chenilles de cette espèce, trouvée à la fin de juin sur la *grande ortie* dans la forêt de Mormale. La plupart étaient entièrement noires, à l'exception des pattes membraneuses, et quelques - unes seulement mélangées de roux ; elles n'ont pas tardé à se transformer , et toutes celles qui ont réussi (car plusieurs se sont desséchées ou étaient ichneumonées) nous ont donné , huit jours après, la *Carte Géographique brune (prorsa)*.

Cette espèce habite plusieurs parties de l'Allemagne , le nord et l'est de la France ; elle n'est pas rare à Ermenonville, dans la forêt de Senlis, dans les environs de Saint - Quentin et près de Juilly ; elle est surtout très - commune dans la forêt de Mormale près du Quesnoy, ainsi que dans les environs de Valenciennes.

Nous ne terminerons pas cet article sans faire observer que M. Godart s'est trompé en disant que la chenille dont il s'agit porte deux épines plus longues que les autres sur le cou. Ces deux épines sont placées sur la tête comme des cornes, et peuvent être considérées comme un prolongement des deux pointes qui la terminent dans les autres chenilles du même genre.

B. *Chenilles épineuses.*

10. Genre ARGYNNE. *G. Argynnis.* Fabr.

CARACTÈRES GÉNÉRIQUES.

Chenille armée d'épines , tantôt simples et velues , tantôt rameuses ou branchues, dont le nombre varie suivant les espèces, mais se réduit toujours à deux sur le premier anneau. Ces deux épines quelquefois plus longues que les autres, mais toujours inclinées vers la tête.

Chrysalide anguleuse , avec deux rangées de tubercules aigus sur le dos, lequel est fortement échancré entre l'abdomen et le corselet ; suspendue seulement par la queue.

LES chenilles des *Argynnes* ne diffèrent essentiellement de celles des *Vanesses*, que parce que leur premier anneau porte deux épines qui manquent chez les secondes. Ces épines, beaucoup plus longues que les autres dans quelques espèces , s'en distinguent dans toutes par leur direction en avant. Quant aux chrysalides de ces mêmes *Argynnes*, elles ressemblent beaucoup à celles des *Vanesses*, et sont aussi, comme elles, ornées de taches métalliques très-brillantes, du moins pour la plupart ; mais leur forme est plus échancrée entre l'abdomen et le corselet, et les deux pointes de leur tête sont généralement moins longues et plus obtuses.

Toutes les chenilles d'*Argynnes* qu'on a observées jusqu'à présent, vivent solitairement sur
des plantes basses, et principalement sur différentes espèces de violette. Elles se tiennent dans
les endroits ombragés des bois, et ne sortent de
leur retraite pour manger que pendant la nuit,
ce qui fait qu'on en rencontre rarement pendant
le jour sur les plantes dont elles se nourrissent.
Aussi sont-elles encore très-peu connues, et
avons-nous été réduits à faire copier dans Hubner, Roësel et Fuessly, la plupart de celles dont
nous donnons la figure.

Le VIe volume des Annales de la Société lin-
néenne de Paris (septembre 1827) contient un
Mémoire très-intéressant de M. Vaudouer, sur
la léthargie plus ou moins longue qu'éprouvent
certaines chenilles d'*Argynnes* pendant le cours
de leur vie, et qui, d'après ses observations, ne
serait pas seulement occasionnée par le froid et
le défaut de nourriture, puisqu'elle a lieu également au milieu de l'été. En effet, ayant élevé un
certain nombre de chenilles de l'Argynne *Euphrosyne*, provenant d'œufs pondus le 22 mai
1826, voici ce qui lui est arrivé. Toutes ces chenilles cessèrent de manger vers la fin de juin et
tombèrent dans l'engourdissement, bien qu'elles
fussent placées au milieu d'une nourriture abondante. Quelques-unes seulement sortirent de

leur léthargie le 8 août, se remirent à manger, subirent encore deux mues, et devinrent papillons dans le courant de ce même mois. Quant aux autres, leur engourdissement persista jusqu'au printemps suivant, c'est-à-dire jusqu'au 27 février 1827, que le dégel étant survenu, une douzaine se mirent à marcher languissamment, et ne pâturèrent presque point jusqu'à ce que l'atmosphère se fut un peu réchauffée. Elles crûrent ensuite assez lentement, changèrent deux fois de peau, puis subirent leur dernière métamorphose du 7 avril au 10 mai. Mais l'hiver, qui fut long et âpre, quoique tardif, vit périr les deux tiers de ces chenilles dans la ménagerie entomologique de l'auteur.

Une autre génération de ces mêmes chenilles, née le 27 juillet 1826, se comporta de la même manière, avec cette différence pourtant qu'aucune ne sortit de son engourdissement pendant l'été, et que leur résurrection n'eut lieu à toutes que le 27 février 1827, c'est-à-dire avec celle du plus grand nombre des premières chenilles.

A l'exception du *Petit Nacré* (*Argynnis Lathonia*) qui se trouve partout, les *Argynnes* n'habitent que les bois, et principalement ceux des montagnes. Quelques espèces seulement paraissent deux fois par an.

45. ARGYNNE TABAC D'ESPAGNE.

ARGYNNIS PAPHIA. (Pl. 14, fig. 45.)

Tom. 1. pag. 51. pl. 3. fig. 1, et pl. 3. *secund.* fig. 1. Diurnes. *God.*

La description que M. Godart a donnée de la chenille de cette Argynne est très-inexacte ; en voici une plus fidèle *de visu.* Elle est d'un roux foncé, avec un grand nombre de stries noirâtres sur les côtés, et deux lignes jaunes séparées par une ligne brune sur le dos. La tête et les pattes sont brunes. Le corps est armé de soixante-deux épines, dont deux sur chacun des deux premiers anneaux, quatre sur le dernier, et six sur chacun des neuf autres. Les deux épines du premier anneau sont plus longues que les autres, presque cylindriques dans toute leur longueur, et inclinées vers la tête. Les autres sont coniques et se terminent en pointe très-fine. Toutes ces épines sont minces, simples, garnies de poils, et d'un jaune fauve, avec leur extrémité brunâtre.

La chenille dont il s'agit vit solitaire sur la *violette de chien* (*viola canina*), le *framboisier* (*rubus idæus*), la *giroflée triste* (*cheiranthus tristis*), et quelquefois sur l'*ortie* d'après Roësel ; mais c'est principalement sur la première plante qu'on la trouve. Au reste, elle est très - difficile à découvrir, parce qu'elle ne mange que la nuit, et se cache pendant le jour. Elle se tient de préférence dans les endroits sombres des bois. On la trouve parvenue à toute sa taille à la fin de mai ou au commencement de juin , et son papillon éclôt ordinairement quinze jours après qu'elle s'est mise en chrysalide. Celle - ci ressemble un peu pour la forme à celle de la *Grande Tortue* (*V. Polychloros*) ; mais elle en diffère principalement par les deux épines du milieu du dos, qui, chez elle , dépassent de beaucoup les autres , parce qu'elles ont pour base deux gros tubercules mammiformes ou coniques , qui font paraître la chrysalide bossue , lorsqu'on la regarde de profil. Sa couleur est d'un gris - violâtre, strié et marbré de brun à certaines places , avec deux taches argentées très - brillantes sous les deux tubercules dont nous venons de parler , et deux pointes également d'un argent très - brillant, placées près de la tête.

L'Argynne *Tabac d'Espagne* est aussi commune dans l'état parfait, qu'elle est rare dans ses premiers états. Elle vole dans tous les bois depuis la fin de juin jusqu'en septembre ; elle aime à se reposer sur les chardons et les ronces en fleurs.

La plante sur laquelle la chenille est représentée est la *violette de chien (viola canina)*, qui croît dans tous les bois et dont la fleur succède à celle de la *violette odorante*.

46. ARGYNNE AGLAÉ.

ARGYNNIS AGLAIA. (Pl. 14 , fig. 46.)

Tom. 1. pag. 54. pl. 3. *secund.* fig. 3. Diurnes. *God.*

ON trouve cette chenille parvenue à toute sa taille dans les premiers jours de juin. Elle vit solitairement sur la *violette de chien* (*viola canina*), comme celle du *Tabac d'Espagne;* mais elle est encore plus difficile à découvrir que celle-ci. Elle est noirâtre, avec deux lignes dorsales d'un blanc-jaunâtre, et une rangée longitudinale de huit taches rousses de chaque côté du corps, dont une sur chaque anneau depuis et compris le quatrième jusqu'au onzième inclusivement. Les épines, la tête et les pattes sont de la couleur du corps.

La chrysalide est d'un gris-bleuâtre ou roussâtre ondé de brun , sans taches métalliques , avec les deux pointes de la tête arrondies et les tubercules épineux peu prononcés. L'insecte parfait en sort au bout de quinze jours ou trois semaines. On le voit voler communément depuis la fin de juin jusqu'à la fin d'août dans presque tous les bois. Il aime à se reposer sur les ronces et les chardons en fleurs.

Nota. Engramelle a commis une erreur en rapportant la chenille dont il est ici question , à l'Argynne *Adippé* qu'il appelle *Grand Nacré.*

47. ARGYNNE ADIPPÉ.

ARGYNNIS ADIPPE. (Pl. 15, fig. 47.)

Tom. 1. pag. 57. pl. 3. fig. 2. et pl. 3. *secund.* fig. 2.
Diurnes. *God.*

La chenille de cette Argynne vit solitairement sur la *violette odorante* (*viola odorata*) et la *pensée* (*viola tricolor*). Elle est représentée sur cette dernière plante. Elle varie de livrée suivant l'âge : elle est d'abord d'un vert-olivâtre, et devient en grandissant d'un gris - roussâtre et quelquefois violâtre, avec une bande de taches noires sur le dos, coupée dans sa longueur par une ligne blanche interrompue. Les épines et les pattes membraneuses sont fauves. La tête et les pattes écailleuses sont noirâtres.

La chrysalide est d'un gris - rougeâtre tiqueté de brun ou de noirâtre, avec plusieurs taches d'argent, les unes à la base des épines, les autres sur le corselet.

Cette espèce se transforme et paraît aux mêmes époques que l'*Aglaé* ; mais elle ne fréquente que les grands bois.

48. ARGYNNE NIOBÉ.

ARGYNNIS NIOBE. (Pl. 15, fig. 48.)

Tom. 11. pag. 59. pl. G. VII. fig. 3, 4, 5. Diurnes. *God.*

LA chenille de cette Argynne est d'un gris-brun ou rougeâtre, avec une bande dorsale étroite d'un jaune-pâle, placée entre deux lignes d'un brun-noir. D'autres lignes de cette même couleur, mais plus fines et interrompues par les incisions des anneaux, se remarquent sur les côtés. Les épines sont blanchâtres, la tête et les pattes écailleuses rougeâtres, et les pattes membraneuses de la couleur du corps. La chrysalide nous est inconnue.

Cette chenille vit sur la *violette odorante* (*viola odorata*) et sur la *pensée* (*viola tricolor*). On la trouve parvenue à toute sa taille dans le courant de juin, et son papillon vole en juillet et août.

Cette espèce n'habite que les montagnes.

49. ARGYNNE PETIT NACRÉ.

ARGYNNIS LATHONIA. (Pl. 16, fig. 49.)

Tom. 1. pag 59. pl. 3. fig. 3, et pl. 4. *tert.* fig. 1. Diurnes.
God.

La chenille de cette Argynne est d'un gris-brun, avec deux petites lignes blanches formant chevron sur le milieu de chaque anneau, et deux lignes fauves de chaque côté du corps. Les épines sont ferrugineuses, les pattes brunes et la tête d'un jaune-fauve.

Cette chenille vit solitaire sur la *pensée (viola tricolor)*, sur le *sainfoin (hedysarum onobrichis)* et la *buglosse officinale (anchusa officinalis)*. On la trouve deux fois, en mai et en août. Les individus de la première génération donnent leurs papillons en juillet, et ceux de la seconde à la fin de l'été. Cependant quelques individus plus tardifs n'éclosent qu'au printemps suivant, après avoir passé l'hiver en chrysalide. Celle-ci a les deux pointes de la tête très-arrondies. Elle est d'un gris-verdâtre, avec une grande tache blanche sur les côtés de l'abdomen, qui s'étend jusque sur l'extrémité de l'enveloppe des ailes. Les tubercules épineux sont courts, obtus, et la plupart dorés ou argentés à leur base.

L'insecte parfait est connu dans toute l'Europe.

5o. ARGYNNE AMATHUSE.

ARGYNNIS AMATHUSIA. (Pl. 16 , fig. 5o.)

Tom. ii. pag 65. pl. H. VIII , fig. 5, 6. Diurnes. *God.*

La chenille de cette Argynne est d'un gris-foncé, avec une bande maculaire noire sur le milieu du dos, et des épines jaunes, dont la base est entourée de noir : les deux épines du premier anneau sont plus longues que les autres et dirigées en avant. La tête et les pattes sont noirâtres.

Cette chenille vit sur la *renouée bistorte* (*polygonum bistorta*), plante qui croît principalement dans les prés humides des montagnes. Elle ne paraît qu'une fois l'an, c'est-à-dire à la fin de mai, et son papillon éclôt en juillet. Sa chrysalide est d'un gris-verdâtre nuancé de brun, avec les stigmates bordés de blanc et des taches argentées à la base des épines qui sont assez longues.

Cette espèce n'habite que les contrées montagneuses. On la trouve principalement en Suisse.

La plante représentée est celle indiquée ci-dessus.

51. ARGYNNE COLLIER ARGENTÉ.

ARGYNNIS EUPHROSINE. (Pl. 17, fig. 51.)

Tom. 1. pag. 61. pl. 4. fig. 1 , et pl. *tert.* fig. 2.
Diurnes. *God.*

La chenille de cette Argynne vit sur la *violette de chien* (*viola canina*) et sur celle des *montagnes* (*viola montana*). Elle paraît deux fois par an , en juin et en septembre. Les individus de la première génération donnent leurs papillons en août, et ceux de la seconde en mai de l'année suivante, après avoir passé l'hiver engourdis sous des feuilles sèches. La chaleur du printemps les réveille ; ils continuent alors de manger et de croître jusqu'à leur transformation en chrysalide, qui a lieu dans le courant d'avril.

Cette chenille offre deux variétés que nous avons fait représenter. Elles sont toutes deux noires, avec une bande latérale de points blancs, deux petites lignes blanches qui tendent à se rapprocher sur le dos de chaque anneau , et les pattes membraneuses rougeâtres; mais dans l'une toutes les épines sont noires, tandis que dans l'autre les deux rangées d'épines du milieu sont jaunes, avec leur extrémité noire. La chrysalide nous est inconnue.

L'Argynne *Euphrosyne* se trouve dans tous les bois. Elle est aussi commune dans l'état parfait que rare dans ses premiers états.

52. ARGYNNE SÉLÉNÉ.

ARGYNNIS SELENE. (Pl. 17, fig. 52.)

Tom. 1. pag. 64. pl. 4. *tert.* fig. 4. Diurnes. *God.*

La chenille de cette Argynne ne diffère de celle de l'*Euphrosyne*, que par l'absence de la bande latérale blanche, et des deux petites lignes dorsales de la même couleur qu'on remarque chez cette dernière. Elle vit aussi sur les mêmes plantes, et son apparition a lieu à peu près aux mêmes époques et dans les mêmes localités.

L'Argynne *Séléné* n'est pas moins commune que l'*Euphrosine* dans l'état parfait, tandis que sa chenille est très-rare, ou du moins très-difficile à trouver, ainsi que sa chrysalide qui nous est inconnue et qui n'est figurée nulle part à notre connaissance.

53. ARGYNNE PETITE VIOLETTE.

ARGYNNIS DIA. (Pl. 17, fig. 53.)

Tom. 1. pag. 66. pl. 4. *secund.* et pl. 4. *quint.* fig. 1.
Diurnes. *God.*

La chenille de cette Argynne est d'un brun-
foncé, avec une ligne dorsale noire, les épines
rougeâtres, la tête et les pattes noires. Elle est
représentée sur la *violette odorante (viola odorata)* dont elle se nourrit, et paraît aux mémes
époques que celles de la *Séléné* et de l'*Euphrosyne.* Il en est de même de son papillon qui vole
en avril et en août dans tous les bois , mais
moins communément cependant que les deux
espèces précitées.

54. ARGYNNE INO.

ARGYNNIS INO. (Pl. 18 , fig. 54.)

Tom. ii. pag. 63. pl. H. VIII. fig. 3 , 4. Diurnes. *God.*

La chenille de cette Argynne est d'un roux-ferrugineux, avec plusieurs raies longitudinales d'un blanc sale, dont trois de chaque côté du corps et deux sur le dos. Celles-ci sont séparées par une ligne d'un brun-noir. La tête, les pattes et les épines sont également d'un roux-ferrugineux.

Cette chenille vit sur le *framboisier commun* (*rubus idæus*). On la trouve en mai, et son papillon paraît en juin et juillet. Sa chrysalide est couleur de chair nuancée et tiquetée de brun, avec les tubercules épineux d'un jaune vif.

L'Argynne *Ino* se trouve principalement dans les bois élevés des montagnes ; cependant il paraît qu'on la trouve aussi dans des forêts situées en plaine, mais froides et humides, telles que celles de Mormale et de Villers-Cotterets.

55. ARGYNNE DAPHNÉ.

ARGYNNIS DAPHNE. (Pl. 18, fig. 55.)

Tom. 11. pag. 61. pl. H. VIII. fig. 1 , 2. Diurnes. *God.*

La chenille de cette Argynne est d'un gris-bleuâtre, avec plusieurs raies longitudinales noires , dont une plus large que les autres de chaque côté du corps. La tête , les pattes et les épines sont d'un jaune-fauve ou ferrugineux , et celles-ci ont leur sommité noire.

Cette chenille vit, comme la précédente, sur le *framboisier commun (rubus idæus)*. On la trouve également en mai , et son papillon paraît aussi en juin et juillet.

La chrysalide est d'un gris-jaunâtre tiqueté de brun et de noir , avec les tubercules épineux dorés.

L'Argynne *Daphné* se trouve en Allemagne , en Suisse, et dans les contrées montagneuses de l'est et du midi de la France. Elle n'est pas rare dans les montagnes élevées des environs de Toulon.

9.

C. Chenilles sub-épineuses.

11. Genre MÉLITÉE. *G. Melitæa*. Fabr.

CARACTÈRES GÉNÉRIQUES.

Chenille ayant, au lieu d'épines, des tubercules ou mame-
lons charnus, cunéiformes, et couverts de poils courts et
roides.
Chrysalide presque obtuse antérieurement, avec des points
élevés sur le dos ; suspendue seulement par la queue.

C'EST avec raison que Fabricius a séparé les
Mélitées des *Argynnes*, bien qu'elles se ressemblent beaucoup dans l'état parfait ; mais il n'en
est pas de même de leurs chenilles. Indépendamment de ce que celles des *Mélitées* ont des mamelons charnus et couverts de poils, au lieu
d'épines, elles diffèrent encore de celles des
Argynnes par leur manière de vivre. Nous avons
vu que celles-ci vivent solitaires et se cachent
pendant le jour, ce qui fait qu'on les trouve difficilement ; les autres au contraire vivent en société plus ou moins nombreuse, et se tiennent
constamment en évidence sur les plantes dont
elles se nourrissent ; seulement, dans leur jeune
âge, elles s'abritent sous une toile en forme de
tente, qu'elles filent en commun, et qui sert à

les faire découvrir lorsqu'on veut se donner la peine de les chercher à cette époque, c'est-à-dire à la fin de septembre et en octobre. La manière dont cette tente est disposée varie suivant les circonstances, ainsi qu'on le verra à l'article de la chenille *Cinxia*, auquel nous renvoyons pour ne pas nous répéter.

Les chrysalides des *Mélitées* sont en général courtes et ramassées. L'extrémité de leur abdomen est fortement courbée, et leur dos est garni de points élevés au lieu de tubercules plus ou moins aigus, comme les *Argynnes* et les *Vanesses*. Elles sont de couleurs assez variées, mais sans taches métalliques.

La plupart des chenilles de *Mélitées* se nourrissent exclusivement de plantes basses; quelques-unes seulement vivent en même temps sur les arbres; mais toutes paraissent donner la préférence aux diverses espèces de *plantain*, de même que les chenilles d'*Argynnes* ont une prédilection marquée pour les différentes sortes de *violette*.

Les *Mélitées* propres aux montagnes et aux pays froids ne paraissent qu'une fois par an, en juillet; les autres se montrent deux fois, au printemps et en été. On en trouve dans tous les bois.

La *Cinxia* se montre quelquefois dans les jardins.

56. MÉLITÉE PHOEBÉ.

MELITÆA PHOEBE. (Pl. 19, fig. 56.)

Tom. 1. pag. 76. pl. 4. fig. 2, et pl. 4. *quint.* fig. 3.
Diurnes. *God.*

La chenille de cette *Mélitée* est noire, avec plusieurs rangées de points blancs et les épines fauves; le dessous et les pattes d'un blanc-jaunâtre, et la tête noire. Elle vit sur la *centaurée scabieuse* (*centaurea scabiosa*). On la trouve parvenue à toute sa taille vers le milieu de juin, et son papillon commence à voler dans les premiers jours de juillet, du moins aux environs de Paris où je ne l'ai jamais trouvé que dans une seule localité, c'est-à-dire sur la côte d'Aunay. Cette espèce ne paraît qu'une fois dans le nord de la France, où elle est d'ailleurs assez rare; mais il n'en est pas de même dans le midi, où je l'ai prise communément en mai et en août.

La plante représentée est celle nommée ci-dessus.

57. MÉLITÉE DICTYNNE.

MELITÆA DICTYNNA. (Pl. 19 , fig. 57.)

Tom. 1. pag. 80. pl. 4. fig. 3 , et pl. 4. *quint.* fig. 4.
Diurnes. *God.*

La chenille de cette *Mélitée* est d'un brun-violâtre, avec les épines d'une nuance plus pâle, et trois lignes noires longitudinales. Les pattes sont de la couleur du corps, et la tête est noire.

Cette chenille vit sur la *véronique agreste (veronica agrestis*). On la trouve parvenue à toute sa taille à la fin de mai, et son papillon se montre quinze jours après.

Cette espèce, dans l'état parfait , se trouve à peu près en même temps et dans les mêmes endroits que l'*Athalie;* mais elle est moins répandue, et je ne connais que la forêt de Bondy où elle vole abondamment dans les environs de Paris. Les bois froids et humides sont ceux qu'elle préfère.

58. MÉLITÉE MATURNE.

MELITÆA MATURNA. (Pl. 20, fig. 58.)

Tom. 11. Tabl. méthod. pag. 38. Diurnes. *God.*
Supplém. aux Diurnes. pag. 135. pl. 22. fig. 1-3. *Dup.*

La chenille de cette *Mélitée* a le corps et les épines noirs, avec trois bandes maculaires d'un jaune-soufre, dont deux latérales et une dorsale divisée dans sa longueur par une ligne noire. La tête et les pattes sont d'un brun-rougeâtre.

La chrysalide est assez allongée, de forme arrondie. Le fond de sa couleur est d'un jaune-pâle, avec des taches noires sur l'enveloppe des ailes, et plusieurs rangées de tubercules orangés sur l'abdomen.

Cette chenille vit sur le *peuplier tremble* (*populus tremula*), le *peuplier blanc* (*populus alba*), le *saule marceau* (*salix capræa*), le *hêtre* (*fagus sylvatica*), la *scabieuse mors du diable* (*scabiosa succisa*), et quelques espèces de *plantain*. Elle hiverne et se change en chrysalide à la fin de mai. L'insecte parfait éclôt au bout de quatorze jours, et vole en juin dans les bois touffus.

Cette espèce se trouve en Suède, en Saxe, en Franconie, dans la Carniole, et même dans les parties boisées du département de l'Isère, selon M. Godart; mais je crains bien que cette dernière indication ne soit le résultat d'une erreur ou d'un faux renseignement donné à mon prédécesseur, car, si elle était exacte, le papillon dont il s'agit serait moins rare dans les collections de France.

59. MÉLITÉE CYNTHIE.

MELITÆA CYNTHIA. (Pl. 20, fig. 59.)

Tom. 11. Tabl. méthod. pag. 39. Diurnes. *God.*
Supplém. aux Diurnes. pag. 132. pl. 21. fig. 3-5. *Dup.*

La chenille de cette *Mélitée* est d'un jaune assez vif sur le dos et plus pâle sur les côtés en-dessous, avec une ligne noire longitudinale qui sépare les deux nuances, et une autre ligne de la même couleur, mais plus fine sur le milieu du dos. Les épines sont également noires ; la tête et les pattes écailleuses d'un brun - rougeâtre, et les membraneuses de la couleur du dessous du corps.

Cette chenille vit sur le *plantain lancéolé* (*plantago lanceolata*). On la trouve en juin, et son papillon vole en juillet sur les monta-gnes de la Suisse, du Tyrol et de la Savoie.

60. MÉLITÉE CINXIA.

MELITÆA CINXIA. (Pl. 21 , fig. 60.)

Tom. 1. pag. 73. pl. 4. *quart.* fig. 1 , et pl. 4. *quint.* fig. 2.
Diurnes. *God.*
Supplém. aux Diurnes. pag. 141. *Dup.*

LA chenille de cette *Mélitée* dans son jeune âge paraît couleur marron ; mais elle devient en grandissant d'un beau noir, avec trois ou quatre rangées transversales de points blancs sur chaque anneau, entre les incisions ; la tête et les dix pattes membraneuses sont fauves ; les pattes écailleuses sont noires ainsi que les épines, c'est-à-dire les mamelons pyramidaux charnus et couverts de poils qui les remplacent.

La chrysalide est courte et obtuse, d'un brunviolâtre, mouchetée de noir, avec six rangées de tubercules fauves sur l'abdomen, et deux tubercules isolés de la même couleur sur le corselet. La plupart de ces tubercules sont entourés de noir à leur base.

Cette chenille vit sur le *plantain lancéolé* (*plantago lanceolata*), la *piloselle* (*hyeracium pilo-*

sella) et la *véronique agreste* (*veronica agrestis*).
Dans leur jeune âge, tous les individus provenant d'une même ponte vivent en société sous
une toile qu'ils ont filée en commun, et qui leur
sert d'abri contre les intempéries de l'air. Lais-
sons parler à cet égard le célèbre Réaumur leur
historien. « Quoique leurs sociétés ne soient pas
« bien nombreuses, dit-il, car je ne les ai ja-
« mais trouvées de plus d'une centaine de che-
« nilles, les endroits où elles se sont établies sont
« aisés à reconnaître ; on voit dans des prairies
« certaines touffes d'herbes qui sont recouvertes
« de toiles blanches, qu'on est d'abord porté à
« prendre pour des toiles d'araignées ; mais quand
« on les regarde de plus près, on connaît qu'elles
« ont été faites par d'autres ouvrières et pour
« d'autres usages. Ce sont des espèces de tentes
« au-dessous desquelles nos chenilles mangent,
« se reposent et changent de peau toutes les fois
« qu'elles ont à en changer. La disposition de ces
« tentes n'a rien de régulier ; il y en a de percées
« en divers sens et placées les unes sur les au-
à tres ; la figure de la touffe d'herbe, la direc-
« tion des branches qu'elle jette, décide de la
« disposition des toiles, qui souvent vont depuis
« les feuilles qui s'élèvent le plus, jusqu'à celles
« qui sont les plus proches de la surface de la
« terre. Le gros de la masse approche pourtant,

« pour l'ordinaire, de la figure pyramidale. L'in-
« térieur est comme partagé par plusieurs cloi-
« sons en différents logements, qui s'élargissent
« en s'approchant de la base. Ce qui a été ren-
« fermé sous une tente, ou, si l'on veut, sous
« plusieurs tentes rassemblées les unes auprès
« des autres, est destiné à la pâture de nos che-
« nilles.

« Quand elles ont rongé toutes ces feuilles ,
« ou ce qu'elles avaient chacune de meilleur et
« de plus tendre, elles abandonnent ce premier
« camp pour aller en établir un autre sur une
« touffe d'herbe plus fraîche ; elles n'y transpor-
« tent pas leurs tentes, mais elles s'y en font de
« nouvelles. Leurs différents campements sont
« aisés à retrouver ; souvent on voit quatre à
« cinq touffes d'herbe éloignées les unes des au-
« tres d'un pied ou deux, encore couvertes de
« toiles en assez mauvais état et étendues au-
« dessus des feuilles très-maltraitées.

« Lorsqu'elles se préparent à changer de peau,
« et surtout lorsqu'elles sentent les approches
« de l'hiver, elles se font un logement plus so-
« lide dans l'intérieur de la principale tente. Les
« toiles de la tente sont minces et souvent as-
« sez transparentes pour laisser voir les feuilles
« au-dessus desquelles elles sont tendues ; mais
« le logement intérieur que les chenilles se font.

« soit pour y changer de peau, soit pour y pas-
« ser l'hiver, est composé d'une toile plus forte,
« plus épaisse, et assez opaque pour ne laisser
« aucunement voir ce qu'elle couvre. Cette der-
« nière toile forme une espèce de bourse, c'est-
« à-dire que sa figure est arrondie, et que l'inté-
« rieur de sa cavité n'est partagé par aucune cloi-
« son. Les chenilles sont les unes sur les autres
« dans cette bourse; chacune y est roulée; elles
« sont aussi de celles qui se roulent volontiers.
« Dans le temps où elles sont occupées à manger,
« si on veut en prendre quelqu'une, et qu'on
« touche, avant de la prendre, les feuilles dont
« elle est proche, aussitôt elle se laisse tomber;
« la plupart de ses voisines en font de même,
« elles tombent roulées et paraissent comme
« mortes. »

Lorsque ces chenilles ont subi leur dernière
mue, c'est-à-dire vers le milieu d'avril, elles
abandonnent leur tente et se dispersent de droite
et de gauche. Il n'est pas rare alors d'en rencontrer de petits groupes de trois ou quatre individus, et même d'isolés, sur les touffes de *piloselle* et de *plantain* qui bordent les allées des
bois. Elles sont d'autant plus aisées à trouver à
cette époque, que les plantes dont elles se nourrissent sont encore peu élevées de terre. Mais
bientôt chacune cherchant un abri où elle puisse

se transformer avec sécurité , elles disparaissent
toutes. Nous avons décrit plus haut la chrysalide ; l'insecte parfait en sort au bout de trois
semaines ou d'un mois, suivant la saison, et commence à voler dans les premiers jours de mai.
Des œufs pondus par lui, naît une seconde génération de chenilles qui donnent leurs papillons
en août; mais cette seconde génération est ordi-
nairément beaucoup moins nombreuse que la
première. Ainsi cette espèce est du nombre de
celles qui paraissent deux fois par an. C'est au
reste une des plus communes du genre , du
moins autour de Paris , et particulièrement au
bois de Boulogne.

61. MÉLITÉE ATHALIE.

MELITÆA ATHALIA. (Pl. 21, fig. 61.)

Tom. 1. pag. 78. pl. 4. *tert.* fig. 6 , et pl. 4. *quart.* fig. 2.
Diurnes. *God.*

La chenille de cette *Mélitée* est entièrement noire y compris la tête et les pattes, avec quelques points blancs clairsemés entre les incisions. Les mamelons charnus qui remplacent les épines sont d'un jaune d'ocre ou ferrugineux.

La chrysalide est blanchâtre, avec de petits traits noirs bordés de fauve sur l'enveloppe des ailes, et plusieurs rangées de tubercules orangés, avec leur base noire sur l'abdomen.

Cette chenille vit sur plusieurs espèces de *plantain*, ainsi que sur le *mélampyre des prés (melampyrum pratense)*, plante qui croît abondamment dans les bois humides, et sur laquelle elle est représentée. Nous l'avons trouvée deux années de suite sur cette plante dans les parties ombragées du bois de Meudon. Sa manière de vivre est à peu près la même que celle de la *Mélitée Cinxia*, et son papillon, qui succède à celui-ci, paraît aussi deux fois, savoir : en juin et en août. C'est sans contredit la plus commune des *Mélitées*, dans les environs de Paris.

62. MÉLITÉE ARTÉMIS.

MELITÆA ARTEMIS. (Pl. 21 , fig. 62.)

Tom. 1. pag. 71. pl. 4. *secund*, et pl. 4. *tert*. fig. 3.
Diurnes. *God.*

La chenille de cette *Mélitée* a le corps, la tête et les épines noirs, avec une bande latérale de points blancs à peine marqués, et les pattes d'un rouge - brun. Elle vit sur la *scabieuse mors-du-diable* (*scabiosa succisa*) et sur quelques espèces de *plantain*.

La chrysalide est d'un blanc-jaunâtre sur l'abdomen, bleuâtre sur le corselet, et violâtre sur les autres parties, avec des traits noirs bordés de fauve sur l'enveloppe des ailes, et plusieurs rangées de boutons orangés, cernés de noir à leur base, sur l'abdomen.

Cette chenille passe l'hiver dans un abri soyeux qu'elle s'est filé, et d'où elle sort au printemps suivant, pour continuer de croître, jusque vers le milieu d'avril qu'elle se change en chrysalide. L'insecte parfait se montre ordinairement depuis les premiers jours de mai jusque vers la mi - juin. Il est très - commun dans les bois humides et exposés au nord.

63. MÉLITÉE DIDYME.

MELITÆA DIDYMA. (Pl. 22 , fig. 63.)

Tom. 1. pag. 68. pl. 4. *secund.* fig. 2, et pl. 4. *tert.* fig. 5.
Diurnes. *God.*
Supplém. aux Diurnes. pag. 141. *Dup.*

La chenille de cette *Mélitée* est d'un gris-bleuâtre, avec une bande noire transverse pointillée de blanc sur chaque anneau, d'où partent les mamelons charnus et pyramidaux qui remplacent les épines, et dont chaque rangée est alternativement blanche ou fauve. La tête est de cette dernière couleur, avec un point noir sur chaque lobe. Les pattes sont rougeâtres.

La chrysalide est d'un gris-verdâtre sur le dos, et jaunâtre sur la partie opposée, avec plusieurs rangées de tubercules orangés et de points noirs sur l'abdomen, et différents traits ou marques de ces deux couleurs, sur le corselet et l'enveloppe des ailes.

Cette chenille vit sur différentes sortes de *plantain* et de *véronique*, sur l'*aurone* (*artemisia abrotanum*), et sur la *linaire vulgaire* (*linaria vulgaris*). Elle parvient à toute sa taille à la fin de mai, et son papillon vole en juin, juillet et août.

Cette espèce est très-commune dans le midi de la France ; on commence à la trouver passé la Loire ; mais c'est à tort que M. Godart la met au nombre des espèces des environs de Paris.

64. MÉLITÉE TRIVIA.

MELITÆA TRIVIA. (Pl. 22, fig. 64.)

Supplém. aux Diurnes. pag. 138. fig. 4. 5. *Dup.*

La chenille de cette *Mélitée* est d'un gris-bleuâtre, avec quatre lignes longitudinales noires, et les mamelons coniques qui remplacent les épines, d'un jaune – fauve, avec leur extrémité blanche. La tête et les pattes sont roussâtres.

La chrysalide est d'un gris-bois finement pointillé de brun, avec les tubercules de l'abdomen orangés et cernés de noir à leur base.

Cette chenille vit sur la *molène* ou *bouillon blanc* (*verbascum thapsus*). On la trouve à la même époque que celle de la *Didyma*, mais elle est beaucoup plus rare. Son papillon se montre en juin et août. Les individus de cette espèce qui existent dans les collections de Paris proviennent pour la plupart du Piémont.

D. Chenilles à épines simples non velues.

12. Genre DANAIDE. *G. Danais.* Latr.

CARACTÈRES GÉNÉRIQUES.

Chenille glabre, cylindrique et armée d'un petit nombre d'épines simples non velues, très-longues et inclinées, les antérieures vers la tête et les postérieures vers l'anus.
Chrysalide arrondie, avec la partie inférieure ou abdominale conoïde et très-contractée; suspendue seulement par la queue.

POUR compléter ces caractères, nous devons ajouter que les épines dont le corps des chenilles de Danaïdes est armé, sont tellement molles et flexibles, qu'on doit y voir plutôt des espèces de filaments charnus que de véritables épines. Quoi qu'il en soit, ces épines ou filaments charnus, comme on voudra les nommer, sont disposés par paire sur les anneaux qui en sont pourvus, et leur nombre varie depuis deux jusqu'à dix, suivant les espèces. Nous devons également ajouter que les chrysalides, outre leur forme arrondie et très-courte, se font encore remarquer par les taches métalliques dont elles sont ornées.

Les chenilles des Danaïdes vivent sur les *as-clépiades*, les *cynanques* et les *lauriers roses*, et suspendent toujours leur chrysalide à la plante qui les a nourries.

Ce genre serait entièrement étranger à l'Europe, si parmi les nombreuses espèces exotiques qu'il renferme, il ne s'en trouvait deux qui se sont répandues dans les îles de l'Archipel les plus voisines de l'Asie et de l'Afrique, et sur les côtes méridionales de l'Italie. Ces deux espèces sont figurées et décrites sous les noms de *Chrysippus* et d'*Alcippus* dans notre Supplément. La chenille seule du premier est connue, et nous en donnons la description ci-après.

65. DANAIDE CHRYSIPPE.

DANAIS CHRYSIPPUS. (Pl. 23 , fig. 65 .)

Suppl. aux Diurnes. pag. 106. pl. 17. fig. 1 et 2. *Dup.*

La chenille de cette Danaïde est marquée an-
nulairement de bandes jaunes cernées par des
lignes noires interrompues, sur un fond d'un
blanc légèrement violâtre, avec six épines simples, ou plutôt six filaments charnus et flexibles,
disposés par paire sur les deuxième, cinquième
et onzième anneaux. Ces filaments sont de la
couleur du corps et noirs à leur extrémité. La
tête est grise et marquée d'un delta jaune cerné
de noir au-dessus de la bouche. Les pattes sont
violâtres, avec une tache noire sur chacune des
membraneuses.

La chrysalide est d'un vert tendre, avec une
ligne noire transversale au milieu de l'abdomen,
et plusieurs points dorés très - brillants sur le
dos et l'enveloppe des ailes. Elle est toujours
suspendue à la plante dont la chenille se nourrit. Celle - ci vit sur différentes espèces *d'ascle-
pias*, mais principalement sur la *fruticosa*. On l'a

trouvée abondamment, deux années de suite, sur cette plante, dans les environs de Naples; mais à la suite d'un hiver rigoureux en 1808, elle a entièrement disparu, sans qu'on ait pu la retrouver depuis; ce qui semblerait prouver que son apparition dans cette localité n'était qu'accidentelle. Au surplus, pour ne pas nous répéter, nous renvoyons à ce que nous avons dit de cette apparition dans notre Supplément aux Diurnes, p. 108 et 109.

E. *Chenilles chargées de tubercules épineux ou velus.*

13. Genre Liménite. *G. Limenitis.* Fabr.

CARACTÈRES GÉNÉRIQUES.

*Chenille ayant la tête en forme de cœur renversé, légère-
ment bifide dans sa partie supérieure et couverte d'aspérités velues, principalement sur les bords ; le corps cylindrique, finement chagriné, avec deux épines rameuses
sur chaque anneau (le premier et le quatrième exceptés),
plus longues sur les deuxième, troisième, cinquième,
dixième et onzième anneaux, que sur les autres.*
*Chrysalide anguleuse, ayant la tête terminée par deux
cornes ou oreilles plus ou moins longues, le dos carené et
présentant dans son milieu une protubérance très-saillante
et très-comprimée des deux côtés ; suspendue seulement
par la queue.*

Ce genre, très-nombreux en espèces exotiques,
n'en renferme que quatre qui appartiennent à
l'Europe, et de ces quatre on n'en connaît que
deux dans leur premier état, savoir : la *Camilla*
et la *Sibylla.* Les chenilles de ces deux *Liménites* se ressemblent beaucoup ; toutes deux vivent sur les *chèvrefeuilles,* sont lentes dans leurs
mouvements, et ne font pas un pas sans tapisser
de leur soie le dessus des feuilles sur lesquelles
elles se tiennent. Cette habitude, qui s'observe

aussi dans les chenilles des *Nymphales*, des *Pa-phies* et des *Apatures*, paraît avoir pour but de les garantir des chutes : en effet, se tenant toujours sur la surface lisse des feuilles, on conçoit qu'elles seraient exposées à en tomber au moindre ébranlement, si les crochets de leurs pattes membraneuses, d'ailleurs très-courts, ne trouvaient à s'y cramponner au moyen de la soie dont elles les tapissent; aussi elles y adhèrent si bien qu'il est difficile de les en détacher sans les blesser. C'est pourquoi il est prudent, lorsqu'on en trouve une, de ne pas la séparer de la feuille qui la soutient.

66. LIMÉNITE PETIT SYLVAIN.

LIMENITIS SIBYLLA. (Pl. 23, fig. 66.)

Tom. 1. pag. 116. pl. 6. *secund.* fig. 3. et pl. 6. *tert.* fig. 1.
Diurnes. *God.*

La chenille de cette Liménite, parvenue à toute
sa taille, a environ quinze lignes de long. Elle est
d'un vert tendre, avec une raie blanche latérale,
placée immédiatement au - dessus des pattes
membraneuses et s'étendant sur les sept derniers segments. Vue à la loupe, sa peau paraît
finement chagrinée; chaque anneau, le premier
et le quatrième exceptés, est armé sur le dos de
deux épines rameuses, très-courtes sur les sixième,
septième, huitième, neuvième et douzième anneaux, et plus longues sur les autres, principalement sur le cinquième. Deux rangées d'épines
semblables, et encore plus courtes que les premières, se voient en outre de chaque côté du
corps. Toutes ces épines sont vertes à leur base,
couleur de rouille dans le reste de leur longueur,
et hérissées de poils noirs. La tête a la forme
d'un cœur renversé, légèrement bifide dans sa
partie supérieure, épineuse sur ses bords, et ru-

gueuse sur le reste de sa surface. Sa couleur est d'un brun-ferrugineux comme celle des pattes écailleuses ; les membraneuses sont vertes.

Cette chenille vit sur le *chèvrefeuille des bois* (*lonicera periclymenum*). On la trouve parvenue à toute sa grosseur vers la fin de mai; mais il est rare de la rencontrer, bien que son papillon soit très-commun. Il faut la chercher dans les bois humides et sur les chèvrefeuilles en buisson. Godart, qui ne l'a jamais trouvée, a supposé, contre l'assertion de tous les auteurs qui l'ont décrite, qu'elle vivait sur le chêne, et cela parce qu'il a vu souvent des femelles déposer leurs œufs sur les feuilles de cet arbre ; mais il est plus que probable que s'il a vu effectivement des femelles dans l'action de pondre en voltigeant autour des chênes , c'est que des chèvrefeuilles qu'il n'apercevait pas se trouvaient confondus parmi les branches de ces arbres. Le même naturaliste s'est également trompé dans sa conjecture, au sujet de la chrysalide qu'il suppose, par analogie, devoir être sans taches métalliques, comme celles des Mars; elle en a au contraire de très-brillantes, ainsi qu'on peut le voir par la figure que nous en donnons. En voici au reste une description très-détaillée.

Elle est anguleuse. Sa tête se termine par deux appendices en forme d'oreilles. Son dos est ca-

rené, et présente, dans son milieu, une protubérance très-saillante et comprimée latéralement.
Le fond de sa couleur est d'un vert-brun ou pis-
tache, et comme vernissé. Lorsqu'on l'examine
sur le dos on remarque :

1° Vers l'extrémité de l'abdomen, une grande
tache oblongue d'un jaune-citron et un peu dorée à sa partie supérieure ;

2° Vers le milieu et de chaque côté de la protubérance, une rangée de cinq points, moitié
dorés, moitié argentés ;

3° Vers la tête, trois taches argentées qui en-
tourent la base des deux oreilles. Du côté opposé, ou sur le ventre, on voit seulement cinq
points ou taches argentées, dont une à la base
de chaque oreille, et trois vers l'extrémité de
l'abdomen.

La Liménite *Sibylle* est étrangère à nos départements méridionaux, tandis qu'elle est très-
commune dans ceux du centre et du nord.

67. LIMÉNITE SYLVAIN AZURÉ.

LIMENITIS CAMILLA. (Pl. 23 , fig. 67.)

Tom. 1. pag. 119. pl. 6. fig. 3, et pl. vi. *tert.* fig. 2.
Diurnes. *God.*

La chenille de cette Liménite ressemble beaucoup à celle de la *Sibylla;* seulement ses épines sont plus longues et sa tête proportionnellement plus petite. Nous allons la décrire dans toutes ses parties. Elle est d'un vert-pâle sur le dos et sur les côtés, et rougeâtre sous le ventre, avec une raie latérale blanche bordée de pourpre, qui sépare les deux nuances. Cette raie est placée au-dessous des stigmates, et règne tout le long du corps à partir du quatrième anneau. Chaque anneau, le premier et le quatrième exceptés, est surmonté de deux épines ou plutôt de deux tubercules épineux, très-courts sur les sixième, septième, huitième, neuvième et douzième anneaux, et très-élevés sur les autres, surtout sur le cinquième. Deux rangées de tubercules semblables, mais tous très-courts, se voient en outre de chaque côté du corps. Tous ces tubercules sont de couleur pourpre et hérissés d'épines rayonnantes à leur extrémité et de couleur noirâtre. La tête est petite, en forme de cœur renversé, légèrement bifide dans sa partie supérieure, et garnie d'épines sur ses bords ; elle est d'un brun-ferrugineux, ainsi que les pattes écailleuses ; les membraneuses sont rougeâtres.

Autant la chrysalide de la *Sibylla* est brillante, autant celle de la *Camilla* est sombre, puisqu'elle est entièrement d'un brun-terreux sans taches métalliques. Du reste, elle a la même forme que l'autre ; seulement ses oreilles sont beaucoup plus courtes.

La chenille de la *Camilla* vit, comme sa congénère, sur le *chèvrefeuille des bois*, ainsi que sur celui des jardins qui croît naturellement dans les haies dans le midi de la France. Godart, qui ne l'a pas connue, a supposé qu'elle pouvait bien vivre également sur l'*aulne*, attendu qu'il a remarqué, dit-il, que son papillon se repose de préférence sur cet arbre ; mais la raison de cette préférence est qu'il aime à voler dans les endroits ombragés sur les bords des ruisseaux, où il ne croît ordinairement que des aulnes. Toujours est-il que sa chenille, qu'on découvre assez facilement dans nos départements méridionaux, n'y a jamais été trouvée que sur l'un ou l'autre chèvrefeuille, et que tous les auteurs qui l'ont décrite ne lui assignent pas d'autre nourriture. On la trouve parvenue à toute sa taille, la première fois à la fin d'avril, et la seconde fois dans le courant de juillet. Les papillons de la première génération volent en mai et juin, et ceux de la seconde en août. Mais ces époques ne sont pas tellement constantes, qu'elles ne varient suivant les localités ; car, dans le département de la Lozère où ce papillon est très-commun, j'ai remarqué qu'il commençait seulement à voler vers la mi-juin, et qu'il continuait de paraître sans interruption jusqu'en août.

La Liménite *Camilla* se montre quelquefois aux environs de Paris; elle n'est pas rare dans la forêt de Fontainebleau, et devient d'autant plus commune qu'on se rapproche davantage du midi.

Nota. J'aurais été fort embarrassé pour donner la figure de cette chenille et de sa chrysalide, sans l'extrême obligeance de M. de Fons Colombe, qui a bien voulu me les envoyer dans de l'esprit-de-vin, avec un dessin de madame sa fille, la comtesse de Saporta, qui m'a beaucoup servi à les représenter.

E. Chenilles chargées de tubercules épineux ou velus.

14. Genre NYMPHALE. *G. Nymphalis.* Latr.

CARACTÈRES GÉNÉRIQUES.

Chenille ayant la partie supérieure de la tête bifurquée, le corps pubescent et chargé de tubercules de diverses formes, et garni de poils divergents et terminés en massue, dont deux beaucoup plus minces et plus élevés que les autres sur le second anneau, et les six derniers inclinés vers l'anus.

Chrysalide ayant la tête terminée par deux pointes obtuses, et une éminence très-prononcée sur le dos ; suspendue seulement par la queue.

CE qui distingue principalement les chenilles des *Nymphales* de celles des *Liménites*, avec lesquelles elles ont d'ailleurs les plus grands rapports, c'est que les poils qui garnissent leurs tubercules sont terminés en massue.

Le genre *Nymphale*, tel que l'avait établi M. Latreille, contenait huit espèces d'Europe ; mais tel qu'il est restreint aujourd'hui, il n'en renferme plus qu'une, connue vulgairement sous le nom de *Grand Sylvain* ; c'est un de nos plus beaux papillons. Nous donnons ci-après la description de sa chenille et de sa chrysalide.

Iconog., tome I. 11

68. NYMPHALE GRAND SYLVAIN.

NYMPHALIS POPULI. (Pl. 25 , fig. 69.)

Tom. i. pag. 112. pl. vi. *secund.* fig. 1 et 2. Diurnes. *God.*

La chenille de cette Nymphale est verte, nuancée de feuille-morte et de brun-violâtre, avec la tête et les pattes ferrugineuses. Son dos offre plusieurs protubérances charnues, plus ou moins pyramidales, dont deux beaucoup plus grandes sur le second anneau, et dirigées en avant ; les autres le sont en arrière. Ces protubérances sont hérissées de poils courts terminés en massue.

La chrysalide est ovoïde, obtuse antérieurement, jaunâtre, mouchetée de noir, avec une bosse arrondie vers le milieu du dos.

Cette chenille vit sur le *tremble (populus tremula)* et sur les *peupliers blanc et noir (p. alba et nigra)*. Elle se tient toujours à la cime de ces arbres, et se cramponne si bien sur les feuilles à l'aide de la soie dont elle les tapisse, qu'il est presque impossible de l'en faire tomber, quelque secousse qu'on imprime aux branches. Aussi est-il très-rare de se la procurer par ce moyen. Les Allemands l'obtiennent de l'œuf, à ce qu'il paraît; ce qui suppose qu'ils sont parvenus à faire pondre en captivité des femelles fécondées de Lépidoptères diurnes : pour nous, nous en avons fait souvent la tentative, et elle ne nous a jamais réussi. Quoi qu'il en soit, la chenille dont il s'agit parvient ordinairement à toute sa taille vers le 20 mai, et son papillon paraît du 18 au 25 juin, et quelquefois huit ou dix jours plus tard, suivant que le pays est plus ou moins froid.

Cette belle Nymphale est propre aux contrées septentrionales et tempérées de l'Europe. Elle n'habite que les forêts de haute futaie, un peu humides et où abondent les trois espèces d'arbres que nous avons désignées plus haut. Elle se repose sur les bouses de vaches et les crottins de chevaux dans les grandes routes qui traversent ou qui côtoient les bois, et ne vole que depuis onze heures jusqu'à trois. La femelle est beaucoup plus rare ou du moins plus difficile à découvrir, parce qu'elle se tient presque toujours sur les arbres. Fabricius dit que cette espèce est très-commune en Russie; elle ne l'est pas moins dans certaines forêts de la France, telles que celles de Mormale, Senlis, Compiègne et Armain-villiers ; mais nous ne l'avons jamais vue voler dans celle de Fontainebleau , quoique Godart dise qu'elle s'y trouve : cette dernière forêt est trop sèche dans toutes ses parties, pour qu'une espèce qui n'aime que les endroits humides puisse s'y propager.

F. *Chenilles dont le dernier anneau se termine en queue fourchue ou bifide.*

15. Genre PAPHIE. *G. Paphia.* Fabr.

CARACTÈRES GÉNÉRIQUES.

Chenilles ayant la partie supérieure de la tête armée de quatre cornes, le corps renflé dans le milieu, s'amincissant postérieurement et terminé en queue de poisson (1).
Chrysalide courte, arrondie et conique dans sa partie inférieure, avec la tête presque obtuse et deux tubercules à l'anus; suspendue seulement par la queue.

LES chenilles des *Paphies* ont beaucoup de rapports avec celles des *Apatures*; elles n'en diffèrent que parce que leur tête porte quatre cornes au lieu de deux, et que leur queue est plus large et à peine fourchue. Mais il n'en est pas de même de leur chrysalide, qui a une forme toute différente : elle est aussi globuleuse que celle des *Apatures* est aplatie.

Ce genre, très-nombreux en espèces exotiques, n'en renferme qu'une, qui paraît répandue sur tout le littoral de la Méditerranée, et qui s'est

---

(1) On s'apercevra que les caractères sont un peu différents de ceux de notre tableau méthodique, page 36; ces derniers avaient été établis d'après de mauvaises figures, tandis que ceux ci-dessus l'ont été d'après la nature.

propagée en conséquence sur les côtes méridionales de la France. Cette espèce est le *Jasius*, dont nous donnons ci-après une description très-complète.

Nota. Ayant un voyage à faire dans la Lozère, je me détournai exprès de ma route et me dirigeai de Lyon sur la Provence, pour me procurer la chenille de ce papillon que j'avais à cœur de voir vivante et de peindre moi-même d'après nature; mais déja son époque était passée lorsque j'arrivai à Hyères pour la chercher, et je serais encore à la désirer, après avoir fait deux cents lieues inutilement pour la trouver, si un heureux hasard ne m'avait fait rencontrer à mon passage à Aix, mon ami le docteur Lorey, qui revenait d'Hyères, où il avait cherché lui-même cette chenille à mon intention. Il n'en avait trouvé qu'une encore petite, et il avait eu la constance de la nourrir en route, se proposant de me l'envoyer dans de l'esprit-de-vin, lorsqu'elle serait parvenue à toute sa taille. Il fut donc fort satisfait de pouvoir me la remettre vivante, et surtout de se débarrasser sur moi du soin de continuer une éducation que le défaut d'arbousier, en avançant vers le nord, rendait d'ailleurs plus difficile. J'achevai de nourrir notre chenille, et j'eus le bonheur de lui voir subir sans accident sa dernière transformation, grace à la complaisance de M. Boyer, entomologiste distingué d'Aix, qui voulut bien en prendre soin jusqu'à mon retour d'Hyères, où je m'étais rendu dans l'espoir de m'en procurer d'autres; mais, comme je l'ai dit plus haut, j'arrivai trop tard et n'en rapportai qu'une chrysalide que je reçus de M. Messonnier. Toutefois, si j'ai manqué mon but dans cette partie de mon voyage, j'en ai été bien dédommagé par la connaissance que j'ai faite de ce dernier entomologiste : je n'oublierai jamais l'accueil plein de cordialité que j'en ai reçu, et les moments agréables que j'ai passés avec lui pendant deux jours que je suis resté à Hyères.

69. PAPHIE JASIUS.

PAPHIA JASIUS. (Pl. 24, fig. 68.)

Tom. 11. pag. 81. pl. X. fig. 3 et 4. Diurnes. *God.*

GODART a donné une description succincte de cette chenille d'après un Mémoire de M. Lefébure de Cérisy ; comme elle est incomplète et même inexacte dans quelques - unes de ses parties, nous allons en donner une plus ample que nous avons faite nous - même d'après nature, en nous aidant, pour quelques détails, de celle qui nous a été fournie dans le temps par M. Chavannes de Lausanne, très-bon observateur, qui a aussi élevé de son côté cette chenille depuis sa sortie de l'œuf.

Elle est à sa naissance d'un vert - brunâtre ; mais après les premiers changements de peau, elle devient d'un beau vert, couleur qu'elle conserve jusqu'à sa transformation en chrysalide. Son corps n'est pas cylindrique, mais plat en-dessous et renflé au milieu : les anneaux postérieurs sont atténués, et le dernier, très-aplati, se termine en queue de poisson. La peau, vue de près, paraît plissée transversalement et chagrinée de blanc-jaunâtre sur un fond vert. On voit sur les septième et neuvième anneaux deux taches ocellées un peu ovales, ordinairement d'un vert-jaunâtre et marquées au centre d'un point bleuâtre. (Ces taches sont plus ou moins marquées, suivant l'âge et les individus.) Au-dessus des pattes règne une ligne jaune qui n'est bien marquée qu'à partir du troisième anneau. La tête, dont la forme est des plus remarquables, est verte, et chagrinée comme le reste du corps. Elle est grande comparativement à celui-ci, large et divisée en deux lobes légèrement convexes. Elle est surmontée de quatre cornes légèrement épineuses. Les deux du milieu, qui sont un prolongement des deux lobes dont nous venons de parler, sont presques verticales. Les deux autres, ou les extérieures, sont divergentes, et un peu moins grandes que les premières, dont la longueur est de la moitié de celle de la tête. Ces quatre cornes sont séparées par des intervalles égaux, dans le milieu desquels on aperçoit les rudiments de deux autres cornes. Toutes quatre sont jaunes, avec leur extrémité et le côté extérieur rougeâtres. Vers les mandibules on remarque une ligne jaune bordée extérieurement d'une ligne noire ; la ligne jaune se prolonge jusque sur les cornes latérales, tandis que la noire ne va pas plus loin que leur base. Les stigmates sont très-petits et à peine visibles. Le dessous du ventre est blanchâtre. Les crochets des pattes écailleuses sont jaunes, et non pas noirs, comme le dit Godart, et les pattes membraneuses sont vertes.

Quand la chenille change de peau, ses cornes sont très-peu développées; mais au bout de quelques heures, elles atteignent toute leur taille.

Contrairement aux autres chenilles qui portent leur tête verticalement, celle du *Jasius* tient la sienne renversée en arrière; mais, comme toutes les chenilles de la même famille, elle est fort lente dans ses mouvements, et se tient toujours sur le dessus des feuilles, qu'elle tapisse de soie. Dans l'état de repos, elle retire ses pattes écailleuses et la dernière paire des membraneuses, de sorte qu'elle ne s'appuie que sur les quatre pattes du milieu. Rarement elle quitte une feuille avant de l'avoir entièrement mangée. Comme elle ne prend ordinairement sa nourriture que la nuit, il suffit de la mettre dans un endroit obscur pour la voir manger; cependant, ce qui paraît contradictoire, elle se décide aussi à manger quand on l'expose au soleil, qui semble la ranimer. Au reste, ses habitudes sédentaires rendent son éducation très-facile, car il est bien rare qu'elle cherche à quitter la branche sur laquelle on l'a placée.

Au moment de se transformer, cette chenille devient d'un vert clair et transparent; elle se suspend à une petite branche ou à la queue d'une feuille, et ne subit sa transformation que le troisième jour.

Sa chrysalide est d'un vert tendre, ovoïde, lisse et sans aucun angle, avec les incisions des anneaux, l'enveloppe des ailes et des autres parties de l'insecte parfait, marquées par de simples lignes sans aucun relief. Sa tête se termine par deux protubérances arrondies. Son dos est à peine caréné. Le pédoncule par lequel elle est attachée est accompagné de deux petits tubercules. Deux jours avant la sortie du papillon, on voit poindre sur l'enveloppe des ailes plusieurs taches violâtres ; c'est dans cet état que la chrysalide a été représentée.

La chenille du *Jasius* vit exclusivement sur *l'arbousier (arbutus unedo)*, arbrisseau très-commun sur les collines et les montagnes qui bordent la Méditerranée.

L'insecte parfait paraît deux fois par an, en juin et en septembre. Les individus de la première époque proviennent de chenilles écloses en octobre, lesquelles passent l'hiver et ne se mettent en chrysalide qu'au mois de mai suivant. Ceux de la seconde proviennent de chenilles qui naissent en juillet, et subissent toutes leurs métamorphoses dans l'espace de trois mois.

Ce beau papillon est répandu sur toutes les côtes de la Méditerranée, et se trouve par conséquent à la fois en Europe, en Asie et en Afrique. Les lieux où il se montre le plus fréquemment en France sont les environs d'Hyères, y compris les îles de ce nom, et ceux de Toulon. On la trouve aussi aux environs de Montpellier, mais très-rarement. M. Donzel m'a assuré en avoir pris un près de Lyon, où probablement il avait été amené par un coup de vent ; car je ne sache pas que l'arbousier croisse à cette latitude.

F. Chenilles dont le dernier anneau se termine en queue fourchue ou bifide.

16. Genre APATURE. *G. Apatura*. Fabr.

CARACTÈRES GÉNÉRIQUES.

Chenille ayant la partie supérieure de la tête divisée en deux longues pointes ou cornes divergentes ; le corps finement chagriné, s'amincissant postérieurement et se terminant en queue fourchue.

Chrysalide très-comprimée latéralement, très-renflée et carénée du côté du dos, avec la tête bifide ; suspendue seulement par la queue.

LES chenilles des *Apatures*, par la forme de leur corps renflé dans le milieu et s'amincissant postérieurement, et surtout par leurs cornes placées sur la tête comme les tentacules de la Limace, ont quelque ressemblance avec ce mollusque ; cependant ce qui rachète cette ressemblance qui n'est pas à leur avantage, c'est leur couleur d'un beau vert tendre et la manière gracieuse dont elles portent et meuvent leur tête, soit en marchant, soit dans l'état de repos.

Ce genre ne renferme que deux espèces propres à l'Europe, et dont une paraît étrangère à sa partie méridionale. Ces deux espèces, dont les chenilles sont connues, rivalisent pour l'éclat des couleurs avec les plus beaux Lépidoptères exotiques. La plus petite des deux fréquente les bois humides, et de préférence les prairies plantées de saules ou de peupliers. L'autre ne se trouve que dans les forêts d'une certaine étendue, mais également dans les parties humides où croît le tremble. Voir leur histoire particulière pour plus amples détails.

Nous ajouterons seulement ici que ces deux espèces n'ont qu'une génération par an : leurs chenilles, qui sortent de l'œuf au milieu de l'été, croissent très-lentement, passent l'hiver engourdies sous quelques arbres, et se réveillent au printemps pour continuer de croître jusqu'au milieu de juin. Parvenues à cette époque à toute leur taille, elles se transforment en chrysalides. L'insecte parfait éclôt quinze jours après, et se montre du 25 juin au 20 juillet.

70. APATURE PETIT MARS.

APATURA ILIA. (Pl. 25, fig. 70.)

Tom. 1. pag. 125. pl. VI. *quart.* fig. 2 et 3. Diurnes. *God.*

La chenille de cette Apature est d'un vert tendre , chagriné de jaune ou de blanchâtre , avec la tête plate, surmontée de deux cornes un peu plus longues qu'elle, épineuses, divergentes et bifides à leur extrémité. Les cornes, qui sont un prolongement des deux calottes hémisphériques de la tête , sont jaunes en-dessus et vertes en - dessous, avec leur extrémité rougeâtre. De ce dernier côté, elles sont en outre marquées dans toute leur longueur d'une ligne noire qui se prolonge jusque sur la tête. Les mandibules sont jaunes, et l'on remarque une petite tache brune sur chaque joue. Le corps offre de chaque côté, à partir du milieu jusqu'à l'anus, cinq lignes obliques, tantôt jaunes et tantôt blanches, dont la supérieure forme relief et se termine dans le haut par une épine couchée sur le milieu du dos. On voit en outre sur le cou deux lignes parallèles jaunes , lesquelles partent des cornes et se prolongent en mourant jusqu'au cinquième anneau. Toutes les pattes sont d'un vert-bleuâtre comme le dessous du corps, et les deux pointes de la queue sont jaunes.

La chrysalide est d'un vert pâle tirant sur le bleuâtre dans sa partie inférieure, avec la carêne, les deux cornes de la tête et le bord de l'enveloppe des ailes, blanchâtres ou d'un jaune clair.

La chenille du *Petit Mars* vit sur les différentes espèces de *saule* et de *peuplier*. On la trouve parvenue à toute sa taille vers le 15 juin ; mais elle est difficile à découvrir, à cause de sa couleur qui se confond avec celle des feuilles. D'ailleurs elle se tient presque toujours sur les branches les plus élevées. Ce n'est donc qu'en donnant un fort ébranlement à l'arbre qui la nourrit, qu'on parvient à en faire tomber quelques-unes.

Cette espèce se trouve dans les bois humides, mais plus fréquemment dans les prairies plantées de saules et de peupliers. Elle est très-commune dans les environs de Paris, principalement à la Glacière, le long de la rivière des Gobelins. La véritable époque de son apparition est du 25 juin au 10 juillet. La variété orangée est plus commune certaines années que celle à bandes blanches, et il est à remarquer qu'on ne trouve que cette dernière dans le midi de la France, où je l'ai vue voler en juin et en août, ce qui ferait supposer qu'elle aurait deux générations, comme la Liménite *Camilla*.

71. APATURE GRAND MARS.

APATURA IRIS. (Pl. 25, fig. 71.)

Tom. 1. pag. 121. pl. VI. *quart.* fig. 1. Diurnes. *God.*

La chenille de cette Apature diffère principalement de celle du *Petit Mars*,

1° Par les cornes de sa tête qui sont beaucoup moins longues et non bifurquées;

2° Par une ligne jaune qui règne le long du corps au-dessus des pattes;

Et 3° par quatre petits points bleus placés en dedans, et vers l'extrémité des deux lignes jaunes obliques qui se terminent dans cet endroit par deux petites épines couchées sur le milieu du dos. Il existe d'autres différences beaucoup plus légères, et pour lesquelles nous renvoyons à la comparaison des deux figures.

Quant à sa chrysalide, elle est plus allongée que celle du *Petit Mars*, et marquée sur les côtés de cinq à six lignes blanches obliques qui manquent à cette dernière.

Cette chenille est beaucoup plus rare que la précédente, ou du moins plus difficile à trouver, parce qu'elle se tient, comme celle du *Grand Sylvain*, à la cime des arbres qui la nourrissent et presque toujours sur ceux qui sont les plus élevés. Ces arbres sont le *tremble* et les *peupliers noirs* et *blancs*, et non le *chéne*, comme le dit Godart. On la trouve parvenue à toute sa taille à la même époque que celle du *Petit Mars*, et son papillon paraît aussi en même temps ; mais il n'habite jamais que les bois humides d'une certaine étendue, et succède immédiatement au *Grand Sylvain* dans les grandes forêts où se montre ce dernier. Cette espèce est tout-à-fait étrangère au midi de la France, où les bois sont généralement trop secs pour qu'elle puisse s'y propager.

71. Genre SATYRE. *G. Satyrus*. Latr.

CARACTÈRES GÉNÉRIQUES.

Chenille ayant la tête sphérique, le corps plus ou moins allongé, tantôt pubescent, tantôt lisse, s'amincissant postérieurement, et dont le dernier anneau se termine en queue bifide.

Chrysalide généralement oblongue, sans angles saillants, tantôt avec la tête en croissant ou bifide et deux rangées de petits tubercules sur le dos, tantôt avec la tête obtuse et sans tubercules sur le dos; suspendue par la queue ou bien reposant à nu sur la terre sans être attachée.

LES chenilles des *Satyres* se rapprochent un peu de celles des *Apatures*, par la forme de leur corps renflé au milieu et terminé en queue bifide; mais elles s'en éloignent beaucoup par leur tête plus ou moins sphérique et sans cornes.

On n'en connaît encore qu'un petit nombre, comparativement à celui de leurs papillons. La difficulté de les trouver vient de ce que la plupart se cachent au pied des plantes ou sous des pierres, dans les endroits les plus herbus ou les plus fourrés, et ne sortent de leur retraite pour manger que pendant la nuit. Toutes celles qu'on est parvenu à découvrir jusqu'à présent sont rayées longitudinalement. Les unes sont pubescentes, comme celle du *Janira*, et les autres entièrement glabres, comme celle du *Circé*. La plupart se suspendent par la queue pour se chrysalider, comme le reste des Nymphalides ; mais par une anomalie singulière, quelques-unes se pratiquent une petite cavité dans la terre au pied de la plante qui les a nourries, et y subissent leur métamorphose sans être attachées comme les chenilles des Noctuélites. Leurs chrysalides diffèrent aussi de celles qui sont suspendues : elles sont beaucoup plus courtes, plus arrondies, et sans aucun tubercule sur le dos, en même temps que leurs stigmates sont plus grands et plus saillants, surtout ceux qui sont placés derrière la tête, à la base des antennes.

Toutes les chenilles de Satyres que l'on connaît vivent, sans exception, sur les plantes graminées, et se laisseraient plutôt mourir de faim que de toucher aux autres plantes. Le plus grand nombre ne donnent leurs papillons qu'une fois par an ; quelques-uns seulement se trouvent pendant toute la belle saison. Les mois de juillet et d'août sont ceux où l'on voit voler le plus de Satyres, principalement parmi ceux qui habitent les hautes montagnes et que nous nommons *Alpicoles*, dans notre division du genre *Satyre* en neuf groupes (tome Ier du Suppl., pag. 153).

72. SATYRE MÉGÈRE.

SATYRUS MEGÆRA. (Pl. 26 , fig. 72.)

Tom. 1. pag. 160. pl. vii. *sext.* fig. 3. Diurnes. *God.*

ELLE est pubescente, d'un vert pâle, avec plusieurs lignes longitudinales, dont une d'un blanc
jaunâtre de chaque côté du corps, qui passe au-
dessous des stigmates et qui disparaît sur les
deux premiers anneaux. Les autres au nombre
de cinq, y compris le vaisseau dorsal, sont d'un
vert plus foncé que le fond, et bordées de vert
plus pâle. Les stigmates, à peine visibles, sont
d'un vert brunâtre, avec la bordure plus foncée.
Les deux pointes anales sont vertes et marquées
extérieurement d'une ligne jaunâtre. Le milieu
du ventre est blanchâtre. En examinant cette
chenille de près, on voit qu'elle est granuleuse,
c'est-à-dire couverte de petites verrues blanchâtres, rangées par stries transverses et surmontées chacune d'un petit poil, tantôt blanc, tantôt
noirâtre. La tête est verte, arrondie, chagrinée
et hérissée de poils noirâtres. Les pattes écail-

leuses sont roussâtres. Les membraneuses sont de la couleur du corps, avec les crochets noirs.

Cette chenille se nourrit de toute espèce de *graminées*, et se tient ordinairement au pied des murs et des clôtures en bois. On la trouve parvenue à toute sa taille à deux époques différentes : en avril et en juin. Elle est du nombre de celles qui se suspendent par la queue pour se transformer.

Sa chrysalide ne diffère de celle du Satyre *Mœra*, que parce qu'elle est un peu plus courte; comme elle, elle est verte ou d'un noir-verdâtre et légèrement anguleuse, avec deux rangées dorsales de tubercules jaunâtres ou blanchâtres.

L'insecte parfait paraît en mai, juillet et août, et se trouve dans presque toute l'Europe.

73. SATYRE MÆRA.

SATYRUS MÆRA. (Pl. 26, fig. 73.)

Tom. 1. pag. 157. pl. VII. *sext.* fig. 2. Diurnes. *God.*

ELLE est pubescente, d'un vert tendre, avec une ligne dorsale d'un vert foncé entre deux lignes blanches. Elle est marquée en outre latéralement de deux autres lignes blanches, qui se prolongent jusqu'à l'extrémité des deux pointes caudales. Les stigmates sont placés entre ces deux lignes, mais ne sont pas visibles à l'œil nu. Le corps vu de près paraît couvert de petites verrues blanchâtres, rangées par stries transverses et surmontées chacune d'un petit poil de la même couleur. La tête est arrondie, hispide, et de la couleur du reste de la chenille, ainsi que les pattes.

Cette chenille se nourrit de toutes sortes de *graminées*, principalement de celles qui croissent au pied des murs. On la trouve à deux époques, comme celle du Satyre *Megœra*, c'est-à-dire en avril et en juin; et comme elle, elle se suspend par la queue pour se transformer. On trouve souvent sa chrysalide attachée aux murs de clôture dans le voisinage des villes et des villages. Cette chrysalide est tantôt verte, tantôt d'un noir-verdâtre, avec deux rangées dorsales de tubercules jaunes ou fauves. Elle est un peu anguleuse, légèrement bifide et plus allongée que celle du *Megæra*.

Le Satyre *Megæra* se montre en mai et en juillet dans presque toute l'Europe. Il se plaît dans les endroits secs et arides, tandis que le *Mægera* préfère ceux qui sont herbus.

74. SATYRE AMARYLLIS.

SATYRUS TITHONUS. (Pl. 27, fig. 74.)

Tom. 1. pag. 184. pl. VII. fig. 2. Diurnes. *God.*

ELLE est pubescente, tantôt verte et tantôt grise ou brunâtre, avec une ligne dorsale plus foncée et deux lignes latérales blanches, entre lesquelles sont placés les stigmates. La tête est ferrugineuse, et les pattes sont de la couleur du corps, ainsi que les pointes caudales.

Cette chenille vit sur le *paturin annuel* (*poa annua*), et ne paraît qu'une fois ; elle se métamorphose dans le courant de juin, et son papillon éclôt au bout de quinze jours.

La chrysalide est grise ou verte, avec quelques taches noires sur l'enveloppe des ailes, et les stigmates aussi de cette couleur. Elle est courte et légèrement bifide antérieurement. Elle est suspendue.

Ce Satyre est un des plus communs de l'Europe ; on le voit voler en quantité dans les bois où croît la *bruyère commune* (*erica vulgaris*), sur laquelle il aime à se reposer, depuis les premiers jours de juillet jusqu'à la fin d'août.

75. SATYRE TRISTAN.

SATYRUS HYPERANTHUS. (Pl. 27 , fig. 75.)

Tom. 1. pag. 170. pl. VII. fig. 3. Diurnes. *God.*

ELLE est pubescente, légèrement chagrinée et d'un gris-roussâtre, avec une ligne dorsale brune qui s'oblitère sur les quatre premiers anneaux, et une raie latérale blanche qui passe au-dessus des pattes. Celles-ci sont grises , et la tête est rougeâtre, rayée de brun.

Cette chenille vit so tairement sur le *millet épars* (*milium effusum*) et le *paturin annuel* (*poa annua*). Elle ne paraît qu'une fois, et se change en chrysalide vers la fin de juin. Son papillon, qui éclôt au bout de quinze jours, est très-commun pendant les mois de juillet et d'août dans presque tous les bois de l'Europe.

La chrysalide est courte, presque ovoïde, et de la même couleur que la chenille. Elle n'est pas suspendue.

76. SATYRE MYRTILE.

SATYRUS JANIRA. (Pl. 27, fig. 76.)

Tom. 1. pag. 151. pl. VII. *sext.* fig. 1. Diurnes. *God.*

ELLE est ordinairement d'un beau vert pomme et quelquefois d'un vert-jaunâtre. Son corps est entièrement recouvert de poils blanchâtres plus fournis que dans les autres espèces, et dont ceux du dos sont dirigés vers l'anus. Le vaisseau dorsal forme une raie d'un vert obscur, laquelle est ordinairement placée entre deux autres raies plus étroites de la même couleur, légèrement sinuées et à peine marquées. On voit en outre, entre les stigmates et les pattes, une ligne blanchâtre ou jaunâtre, qui sépare la couleur du ventre de celle du reste du corps. Les stigmates sont légèrement roussâtres et à peine visibles, excepté ceux du premier anneau. Le ventre est d'un vert obscur, ainsi que les pattes et la tête, qui est hispide, légèrement arrondie sur les bords latéraux, et un peu échancrée en-dessus. Les deux pointes anales sont lavées de rose.

Cette chenille vit sur plusieurs graminées, principalement sur le *paturin des prés (poa pratensis)*. Elle passe l'hiver engourdie sous des feuilles sèches, après avoir subi sa première mue, et continue de croître au printemps suivant jusqu'à la fin de mai ou au commencement de juin, époque à laquelle on la trouve ordinairement parvenue à toute sa taille. Elle ne tarde pas alors à se suspendre à un brin d'herbe pour se changer en chrysalide, et son papillon éclôt quinze jours après.

La chrysalide est d'un vert pâle ou jaunâtre, avec plusieurs raies longitudinales d'un brun-violâtre, savoir : deux sur l'enveloppe de chaque aile, une sur le bord supérieur de cette même enveloppe, deux sur le corselet, et une de chaque côté de l'abdomen. Le dos est garni de deux rangées de tubercules bruns peu saillants. La tête est en croissant ou légèrement bifide.

Le Satyre *Myrtile* est répandu dans toutes les parties de l'Europe. On le trouve communément dans les bois et les prairies pendant le mois de juillet. Les individus qu'on trouve dans le midi sont ordinairement plus grands et plus fortement colorés que ceux du nord ; on en a fait mal à propos une espèce sous le nom d'*Hispulla*.

77. SATYRE TIRCIS.

SATYRUS ÆGERIA. (Pl. 27 , fig. 77.)

Tom. 1. pag. 163. pl. VIII. *secund.* fig. 1. Diurnes. *God.*

Elle est légèrement pubescente, ridée transversalement et d'un vert mat, avec une raie dorsale d'un vert presque noir, placée entre deux lignes blanches ; une autre ligne blanche se voit au-dessus des pattes. Toutes ces lignes se prolongent jusqu'à l'extrémité des deux pointes caudales. La tête et les pattes sont vertes comme le corps. Celui - ci vu de près paraît couvert de petits tubercules rangés par stries transversales, et surmontés chacun d'un petit poil blanchâtre.

Cette chenille vit sur le *chiendent* (*triticum repens*) et d'autres graminées ; elle paraît deux fois. Les papillons qu'on voit voler à la fin d'avril ou au commencement de mai, proviennent de chenilles écloses à la fin de l'été, et qui ont passé l'hiver en chrysalide. Ceux qu'on rencontre en juillet et août proviennent de la ponte des premiers , c'est-à-dire de chenilles écloses en mai, et qui subissent toutes leurs métamorphoses dans l'espace de six semaines ou deux mois.

La chrysalide est grise ou verdâtre, un peu anguleuse, avec la tête légèrement bifide, le dos renflé, et quelques lignes noires sur l'enveloppe des ailes.

Le Satyre dont il s'agit se plaît dans les allées les plus sombres des bois et des parcs, où l'on n'en rencontre jamais qu'un ou deux à la fois. La variété qu'on trouve dans le midi a le dessus des quatre ailes entièrement lavé de fauve ; quelques auteurs en ont fait une espèce sous le nom de *Meone*.

78. SATYRE AGRESTE.

SATYRUS SEMELE. (Pl. 28 , fig. 78.)

Tom. 1. pag. 139. pl. VII. *tert.* fig. 1. Diurnes. *God.*

ELLE est glabre , ridée transversalement et d'un gris livide ou couleur de chair, avec cinq raies longitudinales, dont une dorsale et quatre latérales. La première est d'un brun-noirâtre. Les autres sont d'un gris-verdâtre, et l'inférieure, beaucoup plus large que celle qui précède, est bordée supérieurement d'un liséré noirâtre. Les stigmates sont très-petits, arrondis et bordés de noir. Le dessous est d'un verdâtre pâle, y compris les pattes membraneuses. Les pattes écailleuses sont roussâtres. La tête est d'un roux livide, avec six raies noirâtres, dont les quatre latérales correspondent à celles du corps.

Cette chenille vit sur toutes les *graminées* qui croissent dans les terrains secs et arides. On la trouve ordinairement parvenue à toute sa taille à la fin de mai. Ses mœurs sont les mêmes que celles de la chenille du Satyre *Circé*, c'est-à-dire qu'elle ne se suspend pas pour se chrysalider , mais qu'elle se pratique une petite cavité dans la terre, où elle subit sa métamorphose, à l'instar des chenilles de Noctuelles.

Sa chrysalide a aussi la même forme que celle du Satyre *Circé.* Elle est d'un roux - jaunâtre foncé, avec l'enveloppe des ailes plus claire et parsemée de quelques atomes noirâtres.

L'insecte parfait éclôt en juin et juillet, et se voit encore en août dans les contrées élevées. Il fréquente de préférence les collines sèches et arides. Il paraît répandu dans presque toute l'Europe; je le crois néanmoins plus commun au midi qu'au nord.

79. SATYRE SILÈNE.

SATYRUS CIRCE. (Pl. 28, fig. 79.)

Tom. 1. pag. 131. pl. VII. *secund.* fig. 1. Diurnes. *God.*

ELLE est entièrement glabre, d'un gris livide, avec trois lignes longitudinales ou bandes étroites d'un noir-verdâtre, dont une dorsale et deux latérales, moins foncées que celle du milieu. Ces bandes sont finement striées intérieurement et bordées de blanc-jaunâtre; dans l'intervalle qui les sépare, on aperçoit un grand nombre de petites stries rougeâtres également longitudinales. Au-dessous de la bande laterale noirâtre règne une autre bande jaunâtre, sur laquelle sont placés les stigmates, qui sont indiqués par autant de points noirs ; cette dernière bande est bordée inférieurement par un bourrelet d'un blanc-jaunâtre. La tête est rougeâtre et marquée longitudinalement de six raies d'un brun - noir. Le ventre et les pattes sont d'un gris - rougeâtre livide. Les pointes caudales sont de la couleur du reste du corps.

Cette chenille vit sur différentes graminées,

telles que la *flouve odorante* (*anthoxantum odoratum*), l'*ivraie annuelle* (*lolium perenne*) et plusieurs espèces de *brôme*. Elle se cache pendant le jour sous des pierres, et ne sort de sa retraite pour manger qu'après le coucher du soleil. C'est donc en retournant force pierres dans les endroits où le papillon s'est montré l'année précédente qu'on parvient à la découvrir. On la trouve ordinairement parvenue à toute sa taille à la fin de mai. Elle ne tarde pas, à cette époque, à se creuser une petite cavité dans la terre, où elle se change en chrysalide au bout de deux ou trois jours, sans se fixer à rien, comme une chenille de Noctuelle. Elle est très-grasse et ses pattes sont très-courtes, ce qui rend sa marche extrêmement lente. Elle reste d'ailleurs comme engourdie pendant le jour.

La chrysalide est arrondie, comme celle d'un Nocturne; seulement son corselet est légèrement caréné. Les stigmates sont grands et saillants, surtout les deux qui sont placés derrière la tête, à l'origine des ailes, comme deux évents. Sa couleur est d'un brun-rougeâtre, plus clair sur l'enveloppe des ailes que sur le reste du corps.

L'insecte parfait se montre abondamment dans le midi de la France, depuis le milieu de juin jusqu'à la fin de juillet, et même jusqu'au 15 août dans les localités élevées. Il fréquente de

Iconog., *tome I.* 3

préférence les collines pierreuses, et se repose volontiers contre les rochers. Godart dit l'avoir pris abondamment au bas de la montagne d'É-tampes ; il faut qu'il en soit disparu, car plusieurs amateurs, qui y sont allés pour le prendre, m'ont assuré n'y avoir vu voler que l'*Hermione*.

Nota. La chenille figurée m'a été communiquée par M. le capitaine Léautier de Marseille, amateur très-zélé, à qui l'on doit la découverte de plusieurs espèces nouvelles, entre autres de la *Xylina Leautieri*, voisine de la *Rizolitha*.

80. SATYRE SYLVANDRE.

SATYRUS HERMIONE. (Pl. 28, fig. 80.)

Tom. 1. pag. 137. pl. VII. *secund.* fig. 2. Diurnes. *God.*

ELLE est glabre, ridée transversalement, d'un gris-fauve ou roussâtre, avec deux lignes dorsales brunes interrompues sur chaque anneau. On voit en outre de chaque côté du corps une large bande d'un gris cendré, bordée intérieurement d'un liséré brun ou noirâtre, suivi d'une ligne blanche.

Cette chenille se nourrit des mêmes plantes et se trouve dans les mêmes localités que celle du Satyre *Circé;* seulement elle paraît un peu plus tard. Du reste, sa manière de vivre est la même, et sa chrysalide ne diffère en rien de celle de sa congénère.

L'insecte parfait se montre abondamment pendant les mois de juillet et d'août, dans les bois secs et remplis de rochers, et s'avance plus vers le nord que le Satyre *Circé*, puisque déja on le trouve dans la forêt de Fontainebleau, où il est très-commun.

13.

81. SATYRE PHÆDRA.

SATYRUS PHÆDRA. (Pl. 28, fig. 81.)

Tom. 1. pag. 147. pl. vii. *quart.* fig. 2. Diurnes. *God.*

ELLE est glabre, d'un gris-rougeâtre ou couleur de chair, avec une raie dorsale brune interrompue par les incisions des anneaux, et oblitérée sur les trois premiers. De chaque côté de cette raie, on voit une ligne bleuâtre suivie d'une bande de la même couleur. Les stigmates, placés au-dessous de cette bande, sont noirs. Les pointes caudales sont de la couleur du reste du corps, ainsi que les pattes membraneuses. Les pattes écailleuses sont brunes. La tête est roussâtre et marquée longitudinalement de six lignes brunes.

Cette chenille vit sur l'*avoine élevée* ou *fromentale (avena elatior)*. On la trouve parvenue à toute sa taille vers la fin de juin; elle ne tarde pas alors à se changer en une chrysalide arrondie d'un fauve clair. Cette chrysalide est de la même forme que celle du Satyre *Circé* et repose, comme elle, sans être attachée au pied de

la plante qui a nourri la chenille. L'insecte parfait en sort au bout de quinze jours.

Celui-ci vole depuis les premiers jours de
juillet jusque vers le 15 août, dans les parties
marécageuses des grandes forêts, et se repose
volontiers sur les bruyères.

Nota. Ernst a remarqué que l'accouplement, qui dure ordinairement très-peu dans les Diurnes, est d'un jour entier
dans celui-ci : nous n'avons pas été à même de vérifier cette
observation.

82. SATYRE DEMI-DEUIL.

SATYRUS GALATHEA. (Pl. 29, fig. 82.)

Tom. 1. pag. 165. pl. 8. fig. 2. Diurnes. *God.*

ELLE est pubescente, tantôt verte, tantôt d'un gris-jaunâtre, avec trois raies longitudinales plus foncées, dont une dorsale et deux latérales : ces trois raies sont bordées de lignes plus claires. La tête, les pattes écailleuses, les stigmates et l'extrémité des pointes de la queue sont rougeâtres ou ferrugineux. Les pattes membraneuses sont de la couleur du corps.

Cette chenille vit spécialement sur le *fléole des prés* (*phleum pratense*). Elle ne paraît qu'une fois, et se change en chrysalide vers le milieu de juin. Son papillon, qui éclôt quinze jours après, est très-commun pendant le mois de juillet dans tous les bois des parties tempérées de l'Europe.

La chrysalide est ovoïde, jaunâtre, avec deux taches noires de chaque côté de la tête, formant relief, et qui ne sont autre chose que les deux stigmates de cette partie du corps. Elle n'est pas suspendue.

Ce Satyre offre un grand nombre de variétés locales, dont les entomologistes allemands ont fait autant d'espèces, sous les noms de *Leucomelas*, *Procida*, *Galaxera* et *Galene*.

83. SATYRE BACCHANTE.

SATYRUS DEJANIRA. (Pl. 29, fig. 83.)

Tom. 1. pag. 168. pl. 8. fig. 1. Diurnes. *God.*

ELLE est pubescente, verte, avec cinq lignes longitudinales plus foncées, dont trois dorsales et deux latérales. Celles-ci sont bordées inférieurement d'une ligne blanchâtre qui passe au-dessus des pattes. La tête est jaunâtre, ainsi que les pattes écailleuses. Les pattes membraneuses et les pointes caudales sont de la couleur du corps.

Cette chenille vit sur l'*ivraie vivace* (*lolium perenne*). On la trouve parvenue à toute sa taille dans le courant de mai, et son papillon éclôt pendant les quinze premiers jours de juin. Sa chrysalide ressemble à celle du Satyre *Hyperanthus* et repose, comme elle, sur la terre sans être attachée.

La *Bacchante* fuit le soleil, et ne se plaît que dans les allées ombragées des forêts ; aussi la chercherait-on inutilement dans les bois taillis et découverts. Son vol est irrégulier et sautillant, ce qui la rend assez difficile à prendre. Elle est très-commune dans les forêts de Saint-Germain-en-Laye et de Bondy. Elle avait entièrement disparu du bois de Boulogne depuis qu'il était coupé dans ses parties les plus touffues, il y a une trentaine d'années, mais elle commence à s'y remontrer depuis deux ou trois ans.

84. SATYRE LIGÉA.

SATYRUS LIGÆA. (Pl. 29 , fig. 84.)

Tom. II. pag. 96. pl. XIII. fig. 1 et 2. Diurnes. *God.*

ELLE est pubescente. Le fond de sa couleur est jaunâtre, avec une raie dorsale noirâtre placée entre deux lignes vertes. On voit en outre de chaque côté du corps une bande verte, suivie de deux lignes de la même couleur. Les pointes caudales sont vertes. Les pattes sont jaunâtres et la tête fauve.

Cette chenille vit sur le *panic sanguin* (*panicum sanguinale*). On la trouve parvenue à toute sa taille dans le courant de juin, et son papillon éclôt en juillet et août. Celui-ci n'est pas rare dans les forêts montagneuses du sud-est de la France, principalement dans les environs de Grenoble.

85. SATYRE MÉDUSE.

SATYRUS MEDUSA. (Pl. 29, fig. 85.)

Tom. ii. pag. 110. pl. xv. fig. 5 et 6. Diurnes. *God.*

ELLE est très-pubescente, d'un vert clair, avec une bande dorsale et trois lignes latérales d'un vert plus foncé. La bande dorsale est bordée de chaque côté d'un liséré d'un blanc-verdâtre, et l'on voit en outre une ligne de cette même couleur au-dessus des pattes, qui sont vertes, ainsi que la tête et les points caudales.

Cette chenille vit sur le *panic sanguin* (*panicum sanguinale*). On la trouve parvenue à toute sa taille vers la fin de mai, et son papillon paraît en juin. Celui-ci est commun dans l'est de la France, principalement dans les Vosges. Il fréquente les bois élevés.

86. SATYRE PAMPHILE.

SATYRUS PAMPHILUS. (Pl. 3o, fig. 86.)

Tom. I. pag. 176. pl. VIII. *secund.* fig. 3. Diurnes. *God.*

SON corps est entièrement lisse, d'un joli vert-pomme, avec trois lignes longitudinales d'un vert plus foncé et bordées de blanchâtre, dont une dorsale et deux latérales : la dorsale est plus large. Les pattes sont d'un vert un peu jaunâtre, ainsi que la tête, qui est globuleuse et légèrement hispide. Les pointes anales sont rougeâtres. Les stigmates ne sont pas visibles à l'œil nu.

Cette chenille se trouve depuis le mois de mai jusqu'à la fin de l'été : elle est du nombre de celles qui ont plusieurs générations par an. On peut se la procurer facilement en fauchant sur les hautes herbes. Il paraît qu'elle vit de préférence en liberté sur la *crételle des prés (cynosurus cristatus)*, mais j'ai pu la nourrir en captivité avec le *poa annua*, qui était plus à ma portée, cette plante croissant partout le long des murs.

La chrysalide est tantôt toute verte, et tantôt avec trois lignes noires sur l'enveloppe des ailes, dont l'extérieure est bordée de blanc et celle du milieu bifurquée. La pointe anale par laquelle elle est suspendue à la plante est rougeâtre. Cette chrysalide est arrondie, sans aucun angle ni tubercule sur le dos; sa tête seule est légèrement bifide. Elle est suspendue.

L'insecte parfait se trouve communément dans les prairies et les endroits herbus des bois; il se montre pendant tout l'été.

Nota. Geoffroy a commis une grosse erreur en rapportant à ce Satyre la chenille de la Mélitée *Cinxia.*

87. SATYRE CÉPHALE.

SATYRUS ARCANIUS. (Pl. 3o, fig. 87.)

Tom. 1. pag. 174. pl. 8. fig. 3. Diurnes. *God.*

ELLE est glabre, d'un beau vert, avec une ligne dorsale d'un vert-noirâtre, et quatre lignes latérales d'un jaune fauve. La ligne dorsale est bordée de chaque côté d'un mince liséré jaune ou vert pâle. Toutes ces lignes se prolongent jusqu'à l'extrémité des pointes caudales, qui du reste sont vertes ainsi que les pattes membraneuses. Les pattes écailleuses sont d'un vert plus pâle, ainsi que la tête, qui est finement chagrinée.

Cette chenille, qui ne paraît qu'une fois, vit sur la *mélique ciliée* (*melica ciliata*). Elle se change en chrysalide vers le milieu de mai, et son papillon éclôt en juin.

La chrysalide a la même forme que celle du Satyre *Pamphile,* un peu plus grosse et plus ramassée et d'un gris - rougeâtre. Elle est suspendue.

Le Satyre *Arcanius* est très-commun dans tous les bois du centre de la France; mais il disparaît à trente lieues au nord de Paris, où il est remplacé par le Satyre *Hero*; de même qu'il paraît l'être par le *Dorus* dans nos départements méridionaux. Cependant je l'ai vu voler avec ce dernier dans le département de la Lozère.

88. SATYRE IPHIS.

SATYRUS IPHIS. (Pl. 3o, fig. 88.)

Tom. ii. pag. 145. pl. xx. fig. 1. 2. Diurnes. *God.*

Elle est glabre, d'un vert d'herbe finement chagriné de jaune, avec une ligne dorsale d'un vert plus foncé et la tête d'un vert-bleuâtre. Les pattes et les pointes de la queue sont de la couleur du reste du corps.

Cette chenille vit sur la *mélique ciliée (melica ciliata)*, et ne paraît qu'une fois. Elle se change en chrysalide dans le courant de mai, et son papillon éclôt quinze jours après.

La chrysalide est entièrement verte, et a la même forme que celle du Satyre *Pamphile*.

Le Satyre *Iphis* vole en juin et juillet, dans les bois de l'est de la France et de l'Allemagne. Il se trouve aussi dans les Pyrénées, suivant Godart.

TRIBU III.

Hespérides, *Hesperides.*

18. Genre Hespérie, *G. Hesperia.* Latreille.

Caractères génériques.

Sect. a. *Chenille nue, allongée, amincie aux deux bouts, avec la tête globuleuse.*

Chrysalide mince, effilée, avec un tubercule sur la tête et l'étui de la trompe prolongé en une pointe séparée de l'abdomen ; contenue dans un tissu léger entre des feuilles.

Sect. b. *Chenille pubescente, peu allongée, amincie aux deux bouts, avec la tête globuleuse, un peu fendue et attachée au corps par un cou très-mince.*

Chrysalide oblongue, arrondie et contenue dans une feuille à demi-roulée ou repliée sur elle-même.

On voit par les caractères qui précèdent, que les chenilles des *Hespéries* diffèrent de celles des autres Diurnes non-seulement par leur forme, mais encore par leur manière de vivre et de se transformer, qui les rapproche de celles des Nocturnes. Ces chenilles se nourrissent de diverses sortes de plantes herbacées. Les unes sont glabres et plus ou moins effilées ; les autres sont pubescentes ou couvertes d'un léger duvet, et leur forme est plus courte et plus ramassée. Au reste, on n'en connaît encore qu'un petit nombre, et la difficulté de les découvrir vient de leur manière de vivre : depuis leur sortie de l'œuf jusqu'à leur dernière transformation, elles se tiennent toujours cachées soit entre deux feuilles appliquées l'une sur l'autre et retenues par des fils, soit dans une seule feuille repliée sur elle-même ou roulée en cornet à son extrémité. Celles qui sortent de l'œuf au printemps subissent toutes leurs métamorphoses dans le courant de l'été; celles qui éclosent dans cette dernière saison , quoique parvenues à toute leur taille à la fin de septembre , ne se changent en chrysalide qu'en avril de l'année suivante, et restent jusque - là dans le plus profond engourdissement, malgré la douceur de la température , ainsi que j'en ai fait l'expérience dans mon cabinet sur celles de la *Mauve.*

On trouve des *Hespéries* dans toutes les parties de l'Europe, au nord comme au midi, dans les bois comme dans les prairies, sur les montagnes comme dans les plaines, dans les endroits herbus et humides comme dans les localités sèches et arides. Toutes ont le vol très-rapide, à l'exception d'une seule (le *Miroir*), qui, par son corselet étroit et son abdomen effilé, diffère beaucoup des autres et mériterait peut-être de faire le type d'un genre particulier. Cette der-

nière espèce est d'ailleurs beaucoup moins répandue que les autres, et ne se trouve que dans
quelques bois de la France, de l'Allemagne et
du nord de l'Italie.

Il est à remarquer que les espèces à fond jaune
n'ont qu'une génération par an, tandis que celles
à fond noir et à taches blanches en ont deux.

89. HESPÉRIE BANDE-NOIRE.

—

HESPERIA LINEA. (Pl. 31 , fig. 89.)

—

Tom. 1. pag. 233. pl. 12. fig. 3 , et pl. XII. *tert.* fig. 2.
Diurnes. *God.*

ELLE est glabre, effilée, d'un vert clair, avec la tête d'un vert plus foncé et six lignes longitudinales blanches, dont deux dorsales très-rapprochées, et quatre latérales. L'intervalle qui sépare les deux premières est d'un vert-noirâtre. Les pattes sont de la couleur du corps.

Cette chenille vit sur plusieurs espèces de graminées, principalement sur celles du genre *Aira*. Je l'ai quelquefois trouvée en fauchant dans le bois de Meudon. Elle parvient à toute sa taille à la fin de juin; elle ne tarde pas alors à se changer en chrysalide, et son papillon paraît à la fin de juillet ou au commencement d'août.

La chrysalide est mince et très-allongée, avec la tête terminée par un tubercule aigu, et l'étui de la trompe prolongé en une pointe très-fine, séparée de l'abdomen. Elle est d'un beau vert, avec l'abdomen jaunâtre et la pointe dont nous venons de parler brunâtre. Cette chrysalide est enveloppée d'un léger réseau, et placée ordinairement dans une position verticale entre plusieurs feuilles de graminées réunies par des fils.

L'Hespérie *Bande-noire* est très-commune dans toutes les clairières des bois abondants en graminées; elle aime à se reposer sur les fleurs de la *vipérine* (*echium vulgare*).

90. HESPÉRIE COMMA.

—

HESPERIA COMMA. (Pl. 31 , fig. 90.)

—

Tom. 1. pag. 237. pl. xii. *tert.* fig. 4. Diurnes. *God.*

ELLE est glabre, assez allongée, d'un vert sale et mélangé de rougeâtre ou de ferrugineux, avec les stigmates noirs, le collier blanc et deux points de cette dernière couleur au bas des neuvième et dixième anneaux. La tête est brunâtre et grosse relativement au corps, avec les deux calottes très-prononcées. Les pattes sont de la couleur du corps.

Cette chenille vit sur la *coronille variée* (*coronilla varia*). On la trouve parvenue à toute sa taille au milieu de juillet, et son papillon paraît en août. Sa chrysalide, de couleur brune, est allongée et cylindrique.

L'Hespérie *Comma* est plus commune dans le midi que dans le nord de l'Europe. Elle fréquente de préférence les clairières des bois secs et montueux. Elle n'est pas rare dans la forêt du Vésinet, à quatre lieues de Paris.

91. HESPÉRIE ÉCHIQUIER.

HESPERIA PANISCUS. (Pl. 31 , fig. 91.)

Tom. 1. pag. 231. pl. XII. fig. 1 et 2. Diurnes. *God.*

ELLE est pubescente, d'un brun foncé sur le dos et plus clair sur les côtés , avec une ligne latérale jaune qui sépare les deux nuances dans toute la longueur du corps. Le collier ou premier anneau est d'un rouge orangé. La tête et les pattes écailleuses sont noires, et les membraneuses d'un brun-rougeâtre. Si on examine cette chenille de près , on voit qu'elle est rugueuse comme celle de l'Hespérie de la *Mauve,* c'est-à-dire couverte de nombreux tubercules noirs qui donnent naissance, chacun, à un petit poil court.

Cette chenille, dont la chrysalide nous est inconnue, vit sur le *plantain à grandes feuilles* (*plantago major*). Elle passe l'hiver dans l'engourdissement, et se change en chrysalide dans le courant d'avril. Son papillon se montre dès les premiers jours de mai.

L'Hespérie *Échiquier* habite les allées et les clairières des bois humides. Elle est commune dans les forêts du nord de la France. Celle de Bondy est la seule, je crois, où on la trouve aux environs de Paris.

92. HESPÉRIE DE LA MAUVE.

HESPERIA MALVÆ. (Pl. 32 , fig. 92.)

Tom. 1. pag. 243. pl. xii. *secund.* fig. 5. Diurnes. *God.*

J'ai élevé cette chenille depuis son jeune âge jusqu'à sa dernière transformation, et ce que je vais en dire est le résultat de mes propres observations. Avant d'arriver à la moitié de sa taille, elle est d'un brun-noirâtre un peu vineux, avec une ligne plus claire à peine visible, passant au-dessous des stigmates, qui sont rougeâtres. Elle devient ensuite d'un gris-cendré plus ou moins obscur, et à mesure qu'elle grossit on voit se former de chaque côté du corps deux lignes longitudinales d'un gris plus clair; mais la couleur des stigmates a disparu. Dans tous les âges, sa tête reste noire et couverte d'aspérités, et son collier est d'un jaune vif, avec deux taches noires. Les pattes sont de la couleur du corps. Si l'on examine celui-ci de près, on voit qu'il est couvert de nombreux tubercules noirs rangés par stries transverses, et surmontés chacun d'un petit poil blanchâtre, ce qui fait paraître la chenille pubescente et comme veloutée.

Cette chenille vit dans les champs sur les différentes espèces de mauve, et dans les jardins sur la *passe-rose* ou *rose trémière* (*althœa rosea*). Elle roule sur elle-même l'extrémité des feuilles dont elle se nourrit, en forme une espèce de cornet, et s'y tient cachée jusqu'à sa dernière transformation, de sorte que ce cornet renferme également sa chrysalide, qui est arrondie, d'un brun-rougeâtre, et couverte d'une poussière bleuâtre ou blanchâtre comme celle de certaines Noctuélites.

On trouve de ces chenilles en juin et en septembre. Celles de la première époque subissent toutes leurs métamorphoses dans l'espace de six semaines ; celles de la seconde passent l'hiver dans l'engourdissement, après s'être enveloppées d'un réseau à claire-voie. Elles ne se changent en chrysalide qu'en avril, et le papillon en sort dans le mois de mai.

L'Hespérie de la *Mauve* se trouve dans une grande partie de l'Europe, mais plus communément au midi qu'au nord. Elle fréquente de préférence les bords des chemins, et se repose volontiers sur les fleurs de menthe.

Nota. Il paraît constant que Linné n'a pas connu cette espèce, et que celle qu'il appelle *Malvæ* est notre *Tessellum* (Plain-chant). C'est Fabricius qui le premier a commis l'erreur, et tous les auteurs qui sont venus depuis l'ont propagée en la copiant ; il est trop tard aujourd'hui pour la rectifier.

93. HESPÉRIE GRISETTE.

HESPERIA TAGES. (Pl. 32 , fig. 93.)

Tom. 1. pag. 241. pl. xii. *secund.* fig. 4. Diurnes. *God.*

ELLE est glabre, peu allongée et d'un vert tendre, avec quatre lignes longitudinales jaunes, dont deux dorsales et deux latérales. Les deux premières sont accompagnées intérieurement de petits points noirs, dont un sur chaque anneau. Les stigmates sont noirs; la tête et les pattes écailleuses sont d'un brun-marron. Les membraneuses sont de la couleur du corps.

La chrysalide est verte, avec l'abdomen rougeâtre. Cette chenille se trouve deux fois, en juin et en septembre. Elle vit sur le *chardon rolland* (*eryngium campestre*) et sur le *lotier corniculé* (*lotus corniculatus*). Les individus de la première époque subissent toutes leurs métamorphoses en six semaines; ceux de la seconde passent l'hiver engourdis sous quelque abri, se changeant en chrysalide en avril, et donnent leurs papillons en mai.

Cette Hespérie vole en même temps et dans les mêmes localités que celle de la *Mauve.*

APPENDICE.

94. THAIS MÉDÉSICASTE.

THAIS MEDESICASTE. (Pl. 33 , fig. 94.)

Tom. II. pag. 28. pl. III. fig. 3, 4. Diurnes. *God.*

CETTE chenille, qui n'est décrite ni figurée dans aucun auteur à ma connaissance, ressemble beaucoup à celle de l'*Hypsipyle*. Elle est d'un vert-jaunâtre, avec deux bandes longitudinales d'un vert plus pâle ou d'un jaune-soufre de chaque côté du dos, et six rangées de tubercules coniques, dont deux dorsales et quatre latérales. Ces tubercules sont orangés, d'un jaune plus clair au bout, et hérissés de poils noirâtres. Chaque anneau, à l'exception des trois premiers, est en outre marqué de huit lignes noires très-courtes, qui partent des incisions et ne s'avancent pas au-delà du milieu de chaque segment. Ces petites lignes sont placées entre les tubercules. La tête est d'un gris-brun, avec deux taches plus foncées. Les pattes écailleuses sont brunes, et les membraneuses de la couleur du corps.

Cette description est faite d'après un individu parvenu à toute sa taille. Dans son jeune âge, cette chenille a la tête noire, avec les tubercules jaunes et de petits points noirs à peine marqués, qui sont remplacés plus tard par les lignes dont j'ai parlé plus haut.

Cette chenille est très-lente dans ses mouvements, et vit à découvert sur les feuilles de l'*aristoloche pistoloche* (*aristolochia pistolochia*), qui croît abondamment sur les collines arides de la Provence et du Languedoc. On n'en voit jamais plus d'un individu ou deux sur chaque pied de plante. C'est pendant les vingt derniers jours de juillet qu'il faut la chercher. Parvenue à toute sa taille dans les premiers jours d'août, elle se change en une chrysalide absolument semblable à celle de l'*Hypsipyle* ; du moins je les ai comparées ensemble, et il m'a été impossible d'y découvrir la moindre différence. Elle est de forme allongée, conico-cylindrique dans sa partie postérieure, et anguleuse et coupée en biseau dans sa partie antérieure, avec la tête terminée en pointe obtuse. Sa peau est rugueuse et ridée dans le sens de sa longueur. Elle est d'un gris-terreux, avec des stries et les stigmates noirâtres.

Cette chrysalide passe l'hiver fixée à la plante

dont la chenille s'est nourrie, et le papillon n'en sort qu'à la fin de mai de l'année suivante.

La Thaïs *Médésicaste* se trouve dans toutes les parties montagneuses du Languedoc et de la Provence. J'ai trouvé abondamment sa chenille en 1833, sur les flancs méridionaux de l'Empezou, l'une des montagnes qui forment le vallon au milieu duquel est bâtie la petite ville de Florac, dans le département de la Lozère.

95. POLYOMMATE BALLUS.

POLYOMMATUS BALLUS. (Pl. 33, fig. 95.)

Tom. ii. pag. 186. Diurnes. *God.*

Supplément aux Diurnes. Tom. i. pag. 43. pl. VII. fig. 1-3. *Dup.*

Elle est pubescente, le fond de sa couleur est d'un blanc-jaunâtre. Son dos est marqué dans toute sa longueur d'une bande maculaire rougeâtre bordée de rouge-brun, et coupée dans le milieu par une ligne bleue. De chaque côté du corps règnent deux lignes d'un rouge-violâtre, et entre elles et la bande maculaire sont placés de petits traits obliques de cette même couleur, dont un sur chaque anneau. La tête est d'un noir-brun. Le premier et le dernier anneau sont entièrement lavés de rougeâtre.

Cette chenille vit sur le *lotier hispide* (*lotus hispidus*) (1). On la trouve parvenue à toute sa taille à la fin de mai; elle ne tarde pas alors à se chan-

---

(1) Cette plante, propre aux contrées méridionales de l'Europe, est assez commune dans les terrains calcaires des environs d'Hyères.

ger en chrysalide, passe le reste de la belle sàison et l'hiver en cet état, et ne donne son papillon que dans le courant de mars de l'année suivante : de sorte que cette espèce n'a qu'une génération par an.

La chrysalide est d'un brun-marron. Elle se rapproche pour la forme de celle du Pol. *Quercûs;* mais elle est beaucoup plus petite.

La chenille du *Ballus* n'avait encore été décrite ni figurée nulle part ; la découverte en est due à M. Meissonnier, qui habite Hyères, département du Var, et que j'ai déja eu occasion de citer à l'article de la chenille du *Jasius.* J'étais allé le voir de Toulon, et nous chassions ensemble dans un petit bois de pins des environs de sa résidence, lorsqu'il la trouva pour la première fois sur la plante citée plus haut, le 28 mai 1833 : elle y était assez commune; mais il ignorait comme moi à cette époque à quel Polyommate elle appartenait ; de sorte qu'il dut l'élever et attendre sa dernière métamorphose pour savoir quelle espèce elle lui donnerait. Or, voici ce qu'il me marque dans sa lettre du 12 avril dernier (1834). « Vous pouvez comprendre, « dit-il , dans votre Iconographie la chenille « du *Ballus* dont vous avez pris une copie si « fidèle chez moi. L'éclosion de ce Polyommate « a eu lieu sous mes yeux ces jours derniers, etc. »

Dans une lettre subséquente, il me mande que toutes les chenilles qu'il a élevées se sont chrysalidées au fond de la boîte, sans qu'aucune se soit suspendue à la tige, comme le font la plupart de leurs congénères ; mais il n'ose affirmer cependant qu'elles se conduisent ainsi dans l'état de liberté.

La découverte du Polyom. *Battus* en France, dans l'état parfait, ne remonte pas au-delà de dix ans ; il a été pris pour la première fois dans les environs de Perpignan par M. Lefebvre de Cérisy, et trouvé depuis près d'Hyères par MM. Casenove, Cantener et autres entomologistes. Jusquelà on le croyait une espèce propre à l'Espagne et au Portugal. Aussi Godart ne l'a-t-il pas compris dans les papillons de France.

96. VANESSE L. BLANCHE.

***

VANESSA L. ALBUM. (Pl. 34, fig. 96.)

***

Tom. 11. pag. 78. pl. x. fig. 1. Diurnes. *God.*

LE fond de sa couleur est d'un bleu-clair, avec des stries jaunes et noires, transversales, plus prononcées sur les quatre premiers anneaux que sur les autres. Tous les anneaux, à l'exception du premier, sont garnis d'épines branchues, jaunes à leur base et roussâtres pour le reste. On en compte quatre sur chacun des deuxième et troisième anneaux, sept sur chacun des huit suivants, et deux seulement sur le dernier. Ces mêmes anneaux, à l'exception des trois premiers et du dernier, sont marqués, en avant des épines et de chaque côté du dos, de deux gros points d'un noir-bleu luisant, se touchant presque et reposant sur un espace d'un blanc-jaunâtre ou café au lait. Les stigmates sont noirs et cernés de blanc-jaunâtre. Les pattes écailleuses sont d'un marron luisant, et les membraneuses d'un jaune-verdâtre, comme le dessous du ventre.

Enfin la tête est d'un fauve-brun, avec le dessus de la bouche noir ; elle est couverte d'aspérités, légèrement cordiforme, et surmontée de deux tubercules épineux en forme d'oreilles, mais beaucoup moins prononcés que dans celle du *Gamma* ou *C. Album*.

Cette chenille, dont le papillon est si connu, n'avait encore été décrite ni figurée nulle part ; j'en dois la connaissance à MM. Donzel de Lyon et Germain de Montpellier, qui ont bien voulu se donner la peine de la chercher d'après mon invitation, et qui ont fini par la trouver sur la *pariétaire officinale* (*parietaria officinalis*), plante qui croît communément sur les vieux murs, et dont elle paraît faire exclusivement sa nourriture. L'individu que j'ai reçu de M. Donzel était d'une nuance un peu différente, pour le fond, des deux qui m'ont été envoyés par M. Germain, ce qui m'a déterminé à en donner deux figures.

Quant à la chrysalide, qui m'a été envoyée depuis par le même M. Germain, elle est d'un brun-feuille-morte et de la même forme que celle du *C. Album;* mais elle en diffère non-seulement par l'absence de taches métalliques, mais encore parce qu'elle a sur le dos trois rangées d'épines, au lieu de deux : ces épines sont d'ailleurs plus longues et plus aiguës que celles de sa congénère.

15.

La Vanesse *L. Album* paraît aux mêmes époques que le *Gamma*, mais ne se trouve que dans les contrées méridionales de l'Europe : elle ne s'écarte guère du littoral de la Méditerranée.

97. PIÉRIDE BELLÉZINE.

PIERIS BELLEZINA. (Pl. 35, fig. 97.)

Suppl. aux Diurnes. tom. 1 pag. 29. pl. 3. fig. 5 et 6. *Dup.*

C'est encore à M. Donzel de Lyon que l'on doit la connaissance de cette chenille qu'il a, le premier, découverte dans le département des Basses-Alpes, il y a deux ou trois ans, et dont il a bien voulu m'envoyer un dessin, avec la description ci-après :

« Elle a quinze à dix-huit lignes de longueur, lorsqu'elle est parvenue à toute sa taille. Elle est rase, d'un vert-clair uni, y compris les pattes et la tête qui est globuleuse. Les stigmates, à peine visibles, reposent sur une raie blanche qui règne d'un bout à l'autre du corps, et qui est surmontée d'une raie cramoisie de même largeur et longueur. Vue à la loupe, elle paraît pubescente, c'est-à-dire couverte de poils noirâtres clair-semés. Au moment de se transformer, son dos devient violâtre ; elle s'attache à cet effet à la plante sur laquelle elle a vécu. »

«La chrysalide ressemble beaucoup à celle de

la *Belia;* seulement elle est moins allongée, en même temps que son extrémité antérieure est plus aiguë. Elle a d'ailleurs une teinte violâtre qui manque à celle-ci. »

« Lorsque les œufs viennent d'être pondus, ils sont d'un vert - clair, puis ils deviennent d'un jaune-souci, et conservent cette couleur jusqu'à l'éclosion. La chenille en sortant de l'œuf est de cette dernière couleur, avec la tête noire ; peu après elle devient d'un vert-pâle qui se fonce à mesure qu'elle grandit. Elle paraît en juin et vit sur l'*iberis pinnata.* La chrysalide passe l'hiver comme celles des Piérides *Cardamines* et *Eupheno.*, et le papillon n'en sort qu'en avril ou mai de l'année suivante. »

La *Bellezina* dans son état parfait a d'abord été découverte dans le département du Var par M. de Saporta, et trouvée ensuite dans les Basses-Alpes par M. Donzel. Je l'ai prise moi-même dans la belle propriété de M. Boyer de Fonscolombe, à quatre lieues d'Aix, du 15 au 18 mai 1833 ; et l'ai retrouvée un mois après dans le département de la Lozère aux environs de Florac. Ainsi cette Piéride paraît répandue dans une grande partie du Languedoc et de la Provence, et son éclosion est plus ou moins hâtive, suivant que la contrée qu'elle habite est plus ou moins chaude. Mais bien que l'*iberis pinnata,* sur laquelle vit sa chenille, croisse à peu près partout, dans le midi de la France, ce n'est que sur les collines découvertes, et où cette plante végète difficilement, qu'on la voit voler en certain nombre. Du reste, elle n'est pas très-commune ; et son vol est très-rapide, du moins celui du mâle. Quant à la femelle, M. Donzel a remarqué qu'elle voltige lentement autour des plantes, se pose sur les plus menues et les plus étiolées, allonge son abdomen, et dépose un œuf presque toujours sous le pédicelle des fleurs, et quelquefois sur le calice, évitant soigneusement toutes les tiges fortes et rameuses.

Nota. M. Rambur a figuré et décrit sous le nom de *Tagis,* dans le 1re volume des Annales de la Société entomologique de France, pag. 259, pl. 7, une Piéride qui n'est pour nous qu'une variété de la *Bellezina.* Il est vrai que, suivant M. Boisduval, celle-ci serait la même espèce que la *Tagis ;* mais nous croyons avoir démontré le contraire dans notre Supplément aux Diurnes, pag. 321.

98. PIÉRIDE AUSONIA.

PIERIS AUSONIA. (Pl. 35 , fig. 98.)

Tom. II. pag. 48. pl. VI, fig. 3 et 4. Diurnes. *God.*

Dans son jeune âge, elle est verte, avec quelques rudiments de lignes jaunes. Parvenue à toute sa taille, telle qu'elle est représentée, elle est d'un jaune-pâle tirant sur le vert, avec trois raies longitudinales, dont une violette sur le dos et une verte sur chaque flanc. Celle-ci est bordée inférieurement d'une ligne blanche, sur laquelle sont placés les stigmates qui sont à peine apparents. Tout le corps est en outre parsemé de points violets de diverses grosseurs. La tête est globuleuse, verdâtre et pointillée de noir. Le ventre et les pattes sont d'un vert-pâle.

A l'œil nu, cette chenille paraît à peine pubescente, mais, vue à la loupe, on s'aperçoit qu'elle est couverte de poils rares de la couleur du fond d'où ils partent. Sur le point de se transformer, elle prend une teinte générale violette, à l'exception de la raie sur laquelle reposent les stigmates, qui reste toujours blanche. Elle vit sur la *fausse roquette* (*brassica erucastrum*) et la *moutarde blanchâtre* (*sinapis incana*), dont elle mange de préférence les siliques.

La chrysalide est de forme très-allongée, renflée dans le milieu, légèrement cambrée, avec ses deux extrémités presque cylindriques et assez aiguës. Elle est violâtre du côté de la tête, et couleur de chair dans sa partie inférieure, avec une raie brune de chaque côté du corps; les nervures sont finement marquées en brun sur l'enveloppe des ailes, et le corselet et l'abdomen sont parsemés de quelques points noirs extrêmement fins.

C'est encore à MM. Donzel et Germain que nous devons la découverte de cette chenille, qui n'est décrite ni figurée dans aucun auteur à notre connaissance. On la trouve parvenue à toute sa taille dans les quinze derniers jours de juillet. Sa chrysalide passe l'hiver, et son papillon n'en sort que dans les premiers jours de juin de l'année suivante.

Godart a cru à tort que cette espèce était tout à fait méridionale. Elle habite aussi le centre de la France, et a même été trouvée quelquefois aux environs de Paris. Elle est très-commune dans les environs de Nemours et dans la Sologne, et plus rare auprès de Châteaudun, suivant MM. de Villiers et Guénée. Je l'ai prise moi-même dans la première de ces localités, ainsi que près de Beaugency dans une propriété de M. Rippert.

Nota. La Piéride figurée et décrite, dans notre Supplément aux Diurnes (pag. 89 , pl. 5), sous le nom de *Simplonia*, n'est probablement, ainsi que nous l'avons dit, qu'une variété de l'*Ausonia*. Elle vole en juin et juillet, dans les montagnes du Valais et de la Savoie, mais plus particulièrement sur le Simplon.

99. PIÉRIDE EUPHÉNO.

PIERIS EUPHENO. (Pl. 36 , fig. 99.)

Tom. ii. pag. 43. pl. V. fig. 4 et 5. Diurnes. *God.*

GODART a décrit cette chenille d'une manière très-incomplète ; la description que nous allons en donner d'après nature, sur un individu qui nous a été envoyé de Montpellier par M. Germain, sera plus détaillée et plus exacte.

Elle est marquée dans toute sa longueur de plusieurs raies ou bandes étroites de diverses couleurs, savoir : une dorsale d'un beau jaune placée entre deux raies d'un vert glauque, suivies chacune d'une bande d'un blanc pur. La raie jaune n'est pas d'égale largeur, elle s'atténue à ses deux extrémités, et se rétrécit et s'élargit successivement sur les anneaux intermédiaires ; elle est marquée sur le milieu de chaque anneau d'un point violet luisant, accompagné de beaucoup d'autres plus petits placés transversalement. La raie verte est également couverte de plusieurs points violets de diverses tailles, dont les plus gros sont réunis deux par

deux sur chaque anneau. La bande blanche latérale est bordée inférieurement par une rangée
de gros points d'un bleu-foncé luisant au nombre
de vingt - deux, qui diminuent de grosseur en
se rapprochant des deux extrémités : entre ces
points et les pattes règne une bande jaune.
Enfin la tête et les pattes sont d'un vert-clair,
et la première, qui est globuleuse, est finement
pointillée de noir.

Cette chenille a treize à quatorze lignes de
long, lorsqu'elle a pris tout son accroissement.
D'après l'observation de M. Sollier, elle vit sur la
biscutelle ambiguë (*biscutella ambigua*), comme
celle de la *Belia*. On la trouve dans le milieu de
l'été, et son papillon n'éclôt qu'en avril et mai
de l'année suivante, après avoir passé l'hiver en
chrysalide. Celle-ci ressemble absolument à celle
de la *Cardamines*.

Godart s'est trompé en disant que cette Piéride reparaissait en août. Elle ne paraît qu'une
fois, comme sa congénère la *Cardamines*.
Elle est très - commune dans tout le midi de la
France, depuis Perpignan jusqu'à Antibes, et
ne descend guère au-delà du 44ᵉ degré de latitude nord. Son vol est très-rapide.

100. COLIADE CLÉOPATRE.

COLIAS CLEOPATRA. (Pl. 36 , fig. 100.)

Tom. 11. pag. 32. pl. IV. fig. 1. Diurnes. *God.*

ELLE est allongée, et un peu atténuée aux deux extrémités. Sa couleur est vert-poireau en-dessus, vert-d'eau sur les côtés, et vert-foncé en-dessous. Ces deux dernières nuances sont séparées par une raie blanche latérale, bien tranchée en-dessous, mais se perdant insensiblement dans la couleur du fond en-dessus. Outre cela, tout le corps est hérissé de petits poils courts, implantés sur des granules noirs rangés en stries transversales très-serrées, ce qui le fait paraître à la fois chagriné et légèrement pubescent. Les pattes sont d'un vert un peu plus clair que le ventre. La tête est également verte et pointillée de noir, comme le corps.

La chrysalide est arquée, pointue aux deux extrémités, carénée latéralement, et offrant du côté opposé au dos une protubérance considérable, qui se courbe en arc de cercle dans sa partie inférieure et sert d'enveloppe aux ailes. Une autre protubérance, plus petite, renferme le cor-

selet et la tête, qui se termine par une pointe
courbée en forme de bec. Cette chrysalide est
d'un beau vert-pomme, avec les arêtes latérales
d'un jaune-blanchâtre, la pointe de la tête d'un
violet-brun, et une tache de la même couleur à
la base de chaque aile. Outre cela, l'abdomen et
le corselet sont parsemés d'un grand nombre de
petits points ferrugineux à peine visibles. On voit
aussi une rangée de ces points sur l'enveloppe
des ailes.

Cette chenille paraît vivre exclusivement sur
l'*alaterne* (*rhamnus alaternus*), tandis que celle
du *Rhamni* vit indistinctement sur les autres nerpruns. On la trouve à deux époques, en juin et en
août. Celles de la première époque donnent leurs
papillons quinze à vingt jours après leur transformation en chrysalide; celles de la seconde passent l'hiver sous cette forme, et ne deviennent
insectes parfaits qu'au printemps suivant.

La *Cleopatra* ne se trouve que dans les parties
les plus chaudes de l'Europe, et vole dans les
mêmes localités que l'*Euphéno*. On commence
à la trouver en France dans les environs d'Avi-
gnon; mais c'est principalement sur les bords
de la Méditerranée, dans les endroits couverts
d'alaternes, qu'on la voit voler le plus abondamment.

OBSERVATION.

M. Boisduval, contre l'opinion de tous ses devanciers, excepté Engramelle, dont l'autorité n'est pas ici d'un grand poids, ne fait qu'une espèce de la *Cleopatra* et du *Rhamni*, et il se fonde pour cela sur ce que leurs chenilles et leurs chrysalides n'offrent aucune différence. Nous ne contesterons pas cette assertion, attendu que n'ayant jamais possédé simultanément la chenille et la chrysalide de l'une et l'autre espèce en état de vie, nous n'avons pas été à même de les comparer; mais nous ferons observer que le *Rhamni* ou *Citron* se trouve également dans le midi de la France, et vole concurremment avec la *Cléopâtre* : seulement celle-ci est plus commune ; ce qui dépend toutefois des localités, car nous avons remarqué le contraire dans les environs de Nice. Or, si, comme le pensent tous ceux qui partagent l'opinion de M. Boisduval, la grande tache orangée qui couvre presque toute l'aile supérieure du mâle de la *Cléopâtre*, et qui est remplacée par un point chez le *Citron*, doit être attribuée à l'influence d'un climat plus chaud, comment se fait-il que cette influence ne s'étende pas à tous les individus sans exception ? En un mot, pourquoi voit-on éclore un *Rhamni* à côté d'une *Cléopâtre ?* pourquoi leurs deux femelles présentent-elles également des différences, à la vérité très-légères, mais qui n'en sont pas moins constantes ? Quoique M. Boisduval ait tranché cette question, nous croyons qu'elle est encore à résoudre.

TABLE DES MATIÈRES

DU TOME PREMIER.

AVERTISSEMENT.

Les onze livraisons que nous avons fait paraître
de notre Iconographie des chenilles ont épuisé
tous les matériaux que nous possédions sur celles des
Diurnes. Cependant elles ne terminent pas entièrement
cette famille, et nous en avons encore une à donner
pour la compléter. Cette dernière livraison se composera de plusieurs chenilles récemment découvertes,
que nous n'avons pu encore nous procurer, malgré
tous nos soins pour cela. Nous espérons cependant y
parvenir au printemps prochain; mais, en attendant,
nous serions forcés d'interrompre nos publications,
si nous ne prenions le parti de commencer les deux
autres familles, avant d'avoir fini celle des *Diurnes.*
Nous possédons, en effet, de nombreux dessins sur
les chenilles des *Crépusculaires* et des *Nocturnes;*
mais malheureusement il existe tellement de lacunes entre eux, qu'il nous serait impossible de les publier dans un ordre méthodique, comme nous l'avons
fait pour ceux des *Diurnes.* Voici donc la marche
que nous nous proposons de suivre, pour sortir de
cet embarras.

Chaque livraison de *Crépusculaires* ou de *Nocturnes* se composera de chenilles de différents genres ,
mais distribuées de manière, cependant, que chaque
planche n'en contiendra jamais que du même genre,
ou au moins de la même tribu.

Le texte sera sans pagination, et les descriptions,

au lieu de se suivre, commenceront toujours, chacune, sur le recto du feuillet, de sorte qu'on pourra
les séparer et les réunir ensuite, par genres et par
tribus, aux planches qui leur correspondront. A cet
effet, chaque page aura pour titre le nom de la tribu
gravé en tête de la planche correspondante ,et au
dessous de ce titre sera indiqué le nom et le numéro
sous lesquels l'espèce décrite sera représentée sur cette
même planche.

Nous aimons à croire que les souscripteurs approu-
veront cette nouvelle marche, qui nous permettra de
publier plus rapidement, et sans interruption, toutes
les chenilles dont nous possédons actuellement les
dessins, et de donner successivement celles que nous
faisons dessiner à mesure qu'elles nous tombent sous
la main.

Au reste cela ne nous empêchera pas de faire précéder chaque genre et chaque tribu de considérations
générales, comme dans l'ancien plan ; mais nous at-
tendrons, pour les donner, le complément de chaque
série.

IMPRIMERIE DE FIRMIN DIDOT FRÈRES,
rue Jacob n° 24

AVIS DE L'AUTEUR.

Plusieurs Souscripteurs à l'Histoire naturelle des Lépidoptères de France m'ont écrit pour me demander si, dans le Supplément à cet ouvrage, je compléterai toutes les espèces d'Europe ou seulement celles de France. Il est vrai que d'après le titre de l'ouvrage ils ont pu croire que je me bornerais à ces dernières; mais ils ont dû être détrompés depuis qu'ils ont reçu la première livraison : ils y auront vu en effet que sur quatre espèces dont elle se compose une seule appartient à la France. Quoi qu'il en soit, pour faire cesser toute incertitude à cet égard, je déclare ici que mon intention a toujours été de donner le complément de tous les Lépidoptères d'Europe, et en cela je ne fais que remplir l'engagement pris par le premier éditeur dans son Prospectus d'avril 1826, où il annonce positivement ce complément. Ainsi l'initiative nous en appartient depuis long-temps, et nous n'avons pas attendu pour y songer que M. le docteur Boisduval entreprît de le donner de son côté.

Quant à la question de savoir lequel de nous deux est le plus en état de l'exécuter, je n'aurai pas la fatuité de chercher à la résoudre : c'est aux personnes qui s'occupent spécialement de cette partie de l'entomologie à nous juger sur nos antécédents. Seulement je ferai observer que si ma collection est moins riche que celle de mon concurrent, plusieurs entomologistes ont bien voulu suppléer à son insuffisance, en me confiant les espèces qui me manquaient. Ma reconnaissance me fait un devoir de citer ici les noms de ces entomologistes; ce sont MM. le capitaine de Villiers,

Marchand de Chartres, Rippert de Beaugenci, Buquet de Paris, et enfin mon honorable ami **M.** Alexandre Lefebvre, dont la collection, fruit en grande partie de ses nombreux voyages, n'est peut-être pas moins riche en Lépidoptères d'Europe que celle de **M. Boisduval.** Ainsi MM. les Souscripteurs ne doivent pas craindre que mon Supplément soit incomplet.

Cependant il serait possible que je donnasse quelques espèces de moins que mon concurrent; mais ce ne serait pas faute de les avoir à ma disposition, mais c'est parce que elles ne seraient pas réellement d'Europe. Ainsi, par exemple, je ne puis considérer comme telle, le papillon *Xuthus* que M. Boisduval donne dans sa première livraison comme européen, en disant qu'il a été pris dans les environs d'Orembourg, car la géographie nous apprend que cette ville est située dans la Russie asiatique. Je sais que son intention est également de donner comme européens des Lépidoptères de la Sibérie; mais alors il n'y a pas de raison pour qu'il ne comprenne pas dans son Supplément ceux de la Tartarie chinoise. Pour moi, toutes les espèces qui n'ont pas été prises en deçà des monts Ourals et du fleuve du Don, ne sont pas européennes.

Paris, le 15 avril 1832.

DUPONCHEL,

Rue d'Assas, n° 3 *bis*, Faub. St.-Germ.

P. S. Je recevrai avec reconnaissance toutes les observations qu'on voudra bien m'adresser dans l'intérêt de l'ouvrage; je prie seulement d'affranchir les lettres.

IMPRIMERIE DE FIRMIN DIDOT FRÈRES, rue Jacob, n° 24.

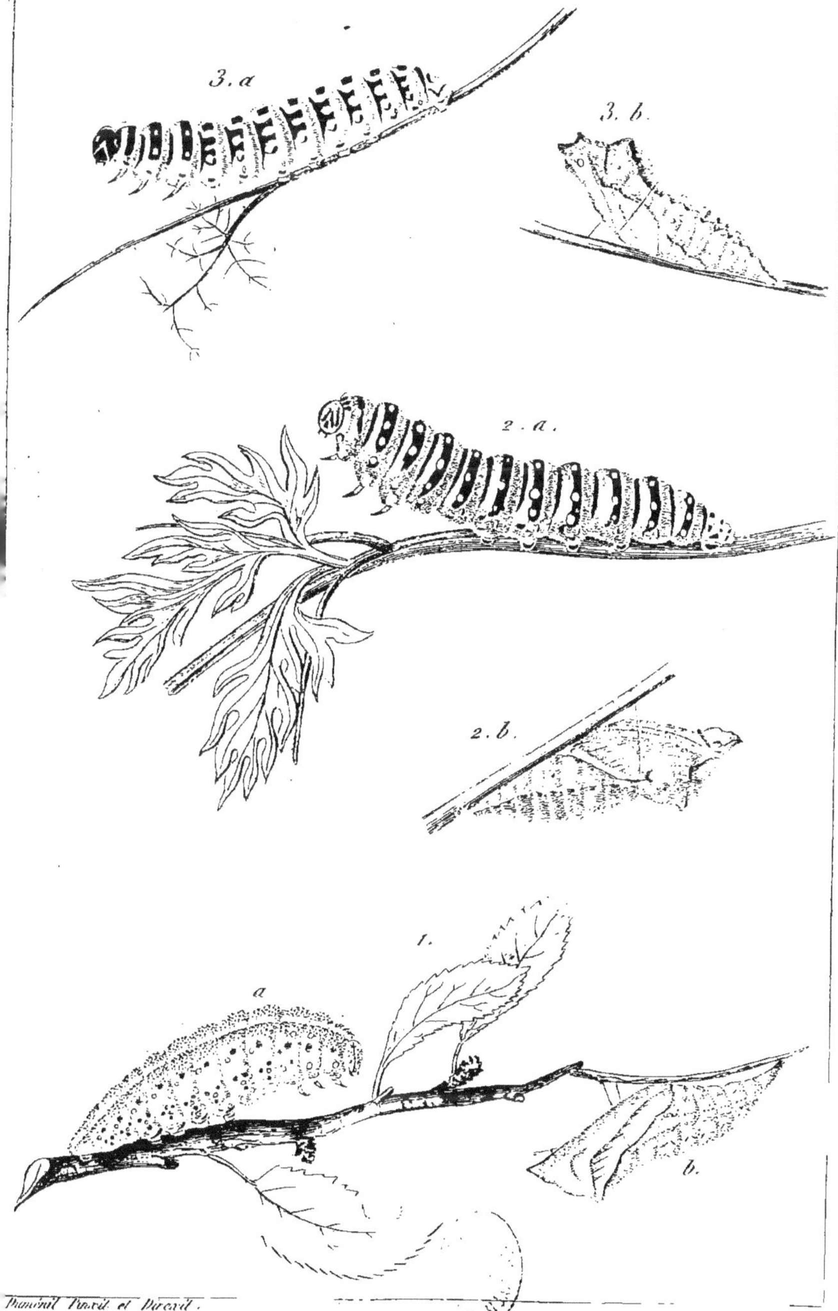

Dumenil Pinxit et Direxit.

1. a. b. **Papillon** Podalire *(Podalirius)* 2. a. b. **Id.** Machaon *(Machaon)* 3. a. b.
Id. Aléxanor *(Alexanor)*

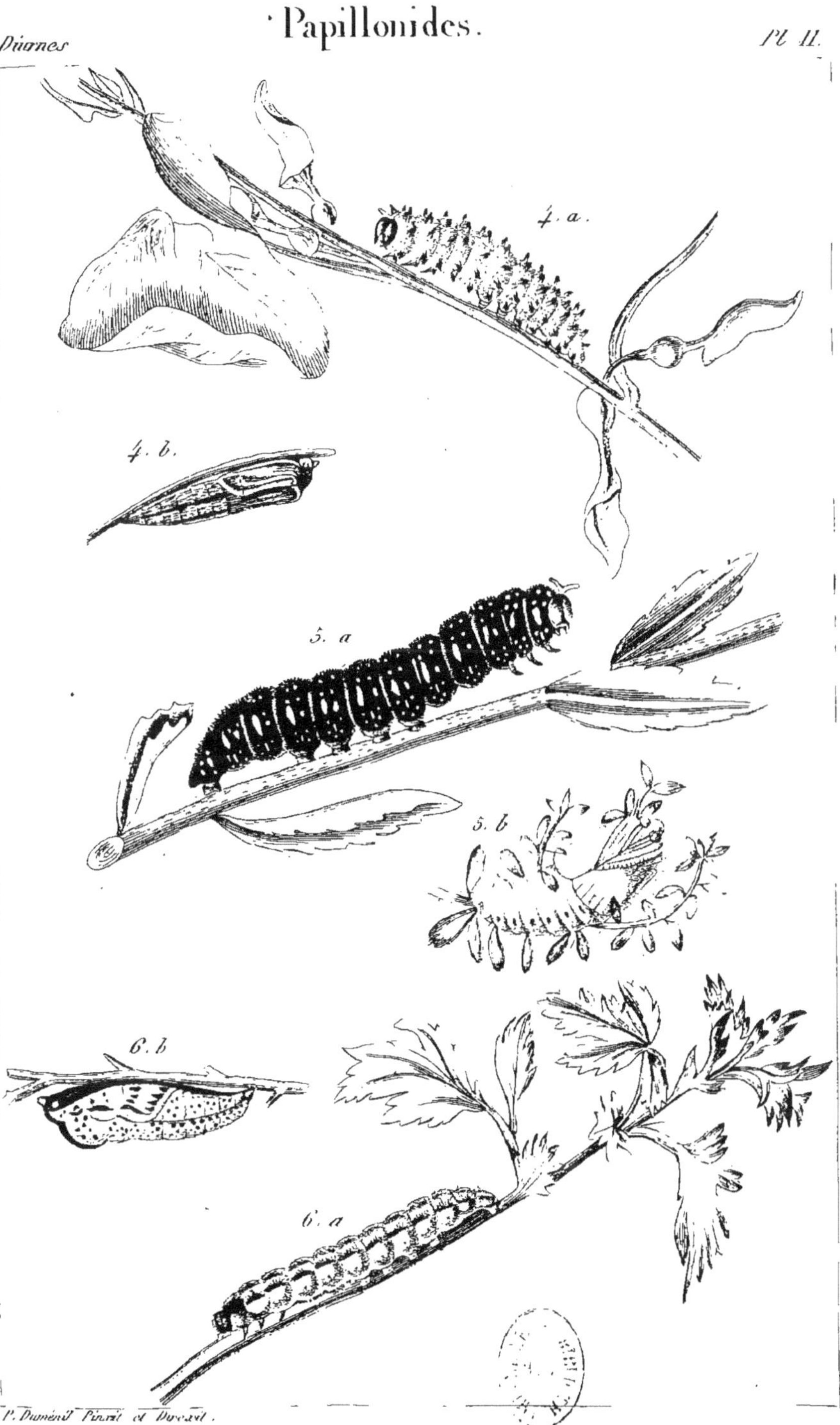

P. Duménil *Pinxit et Direxit.*

4. a. b. **Thaïs** Hypsipyle *(Hypsipyle)* 5. a. b. **Parnassien** Apollon *(Apollo)* 6. a.
b. **Piéride** Gazée *(Cratœgi)*

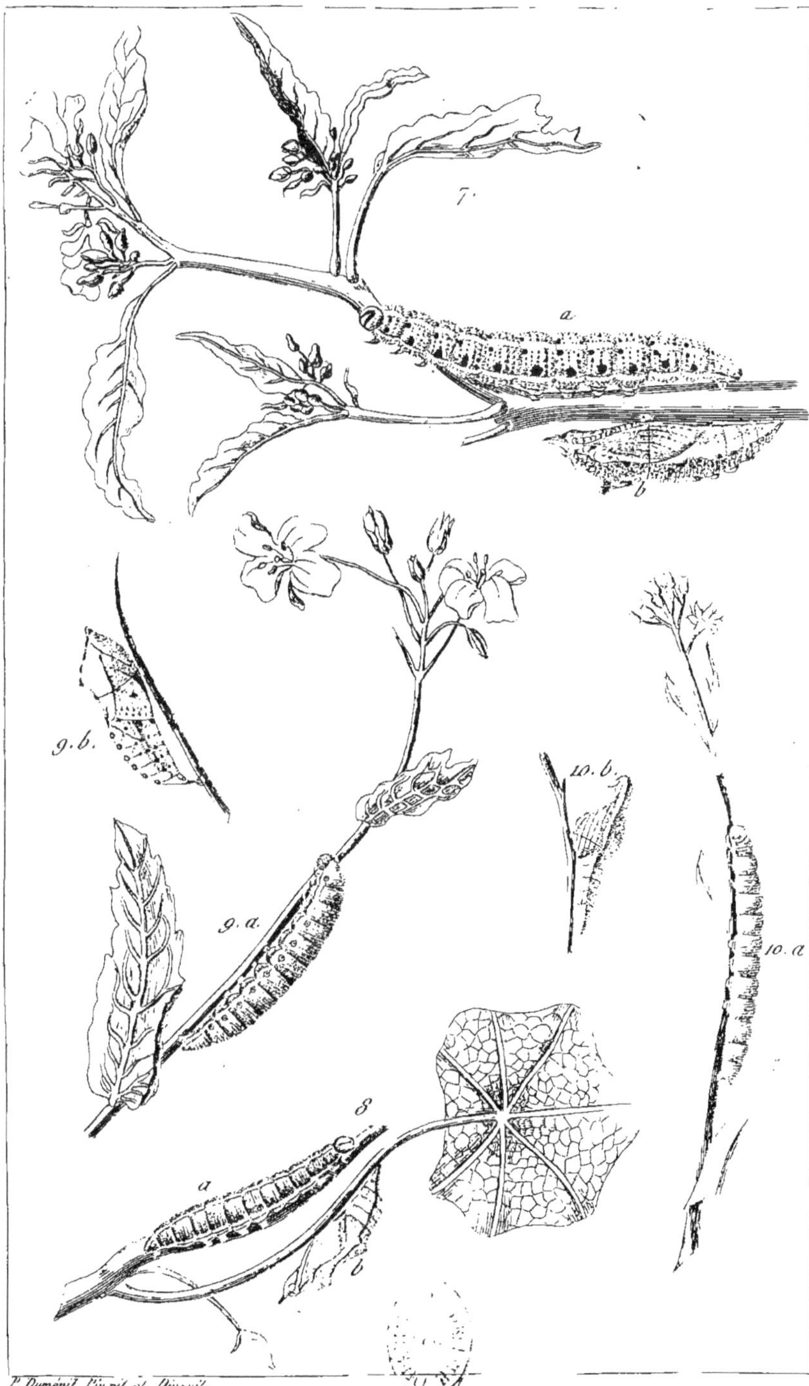

7. a. b. **Piéride** du Chou *(Brassicæ)* 8. a. b. Id. de la Rave *(Rapæ)* 9. a. b. Id. du Navet *(Napi)* 10. a. b. Idem. Aurore. *(Cardamines)*

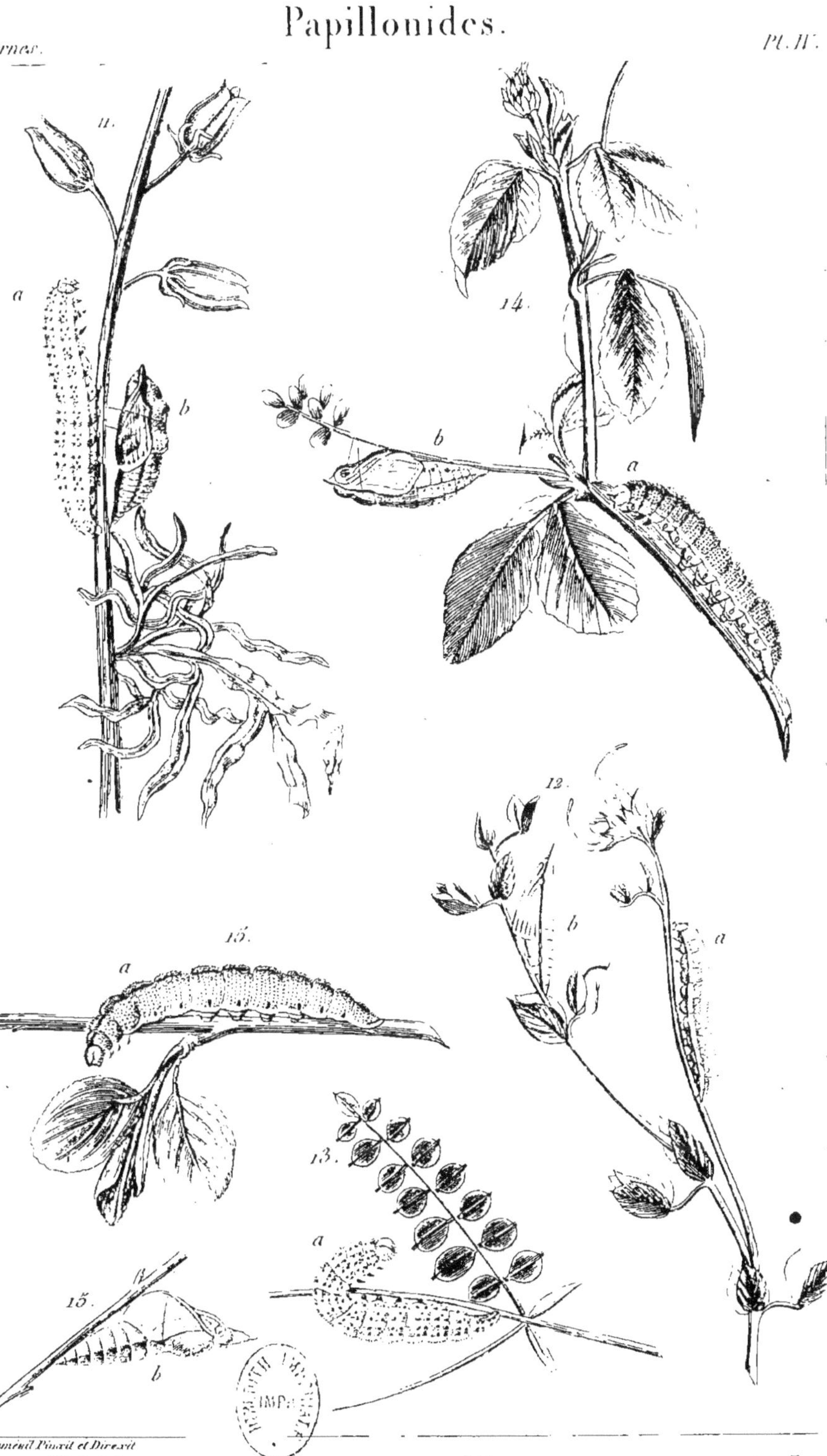

a.b. Piéride Daplidice *(Daplidice)* 12. a.b. Id. de la Moutarde *(Sinapis)* 13. a.
oliade Soufre *(Hyale)* 14. a.b. Id. Souci *(Edusa)* 15. a.b. Id. Citron *(Rhamni)*

16.a.b.c. **Polyommate** Phlœas *(Phlœas)* 17.a.b. **Idem** Hellé *(Helle)* 18.a.b.
Idem de la Verge d'or *(Virgaureæ)* 19.a.b. **Idem** de la Ronce *(Rubi)*

Papillonides.

20. a. b. Polyommate Damon *(Damon)* **21**. a. b. c. Id. Cyllarus *(Cyllarus)* **22**.
a. b. Id. Argus *(Argus)* **23**. a. b. Id. Ægon *(Ægon)*

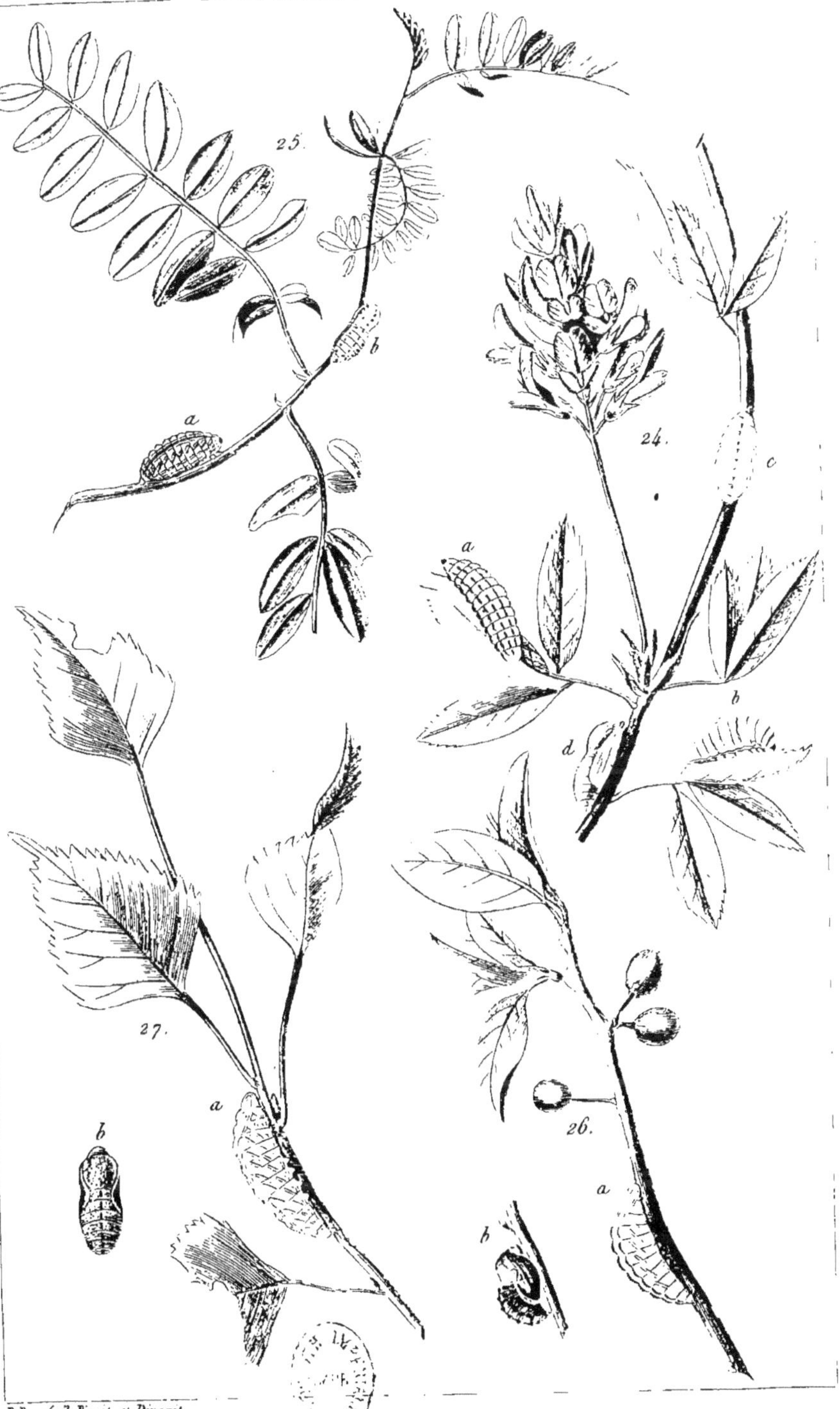

P. Duménil Pinxit et Direxit.

24. a. b. c. d. Polyommate Alexis (*Alexis*) 25. a. b. Id. Alsus (*Alsus*)
26. a. b. Id. du Prunier (*Pruni*) 27. a. b. Id. du Bouleau (*Betulæ*)

P. Duménil Pinxit et Direxit.

28. a . b . c . **Polyommate** W. Blanc *(W. Album)* 29. a . b . **Id** . du Prunellier *(Spini)*
30 . a . b . c . **Id** . du Chêne *(Quercus)* 31 . a . b . c . d . **Id** . Lyncée *(Lynceus)*

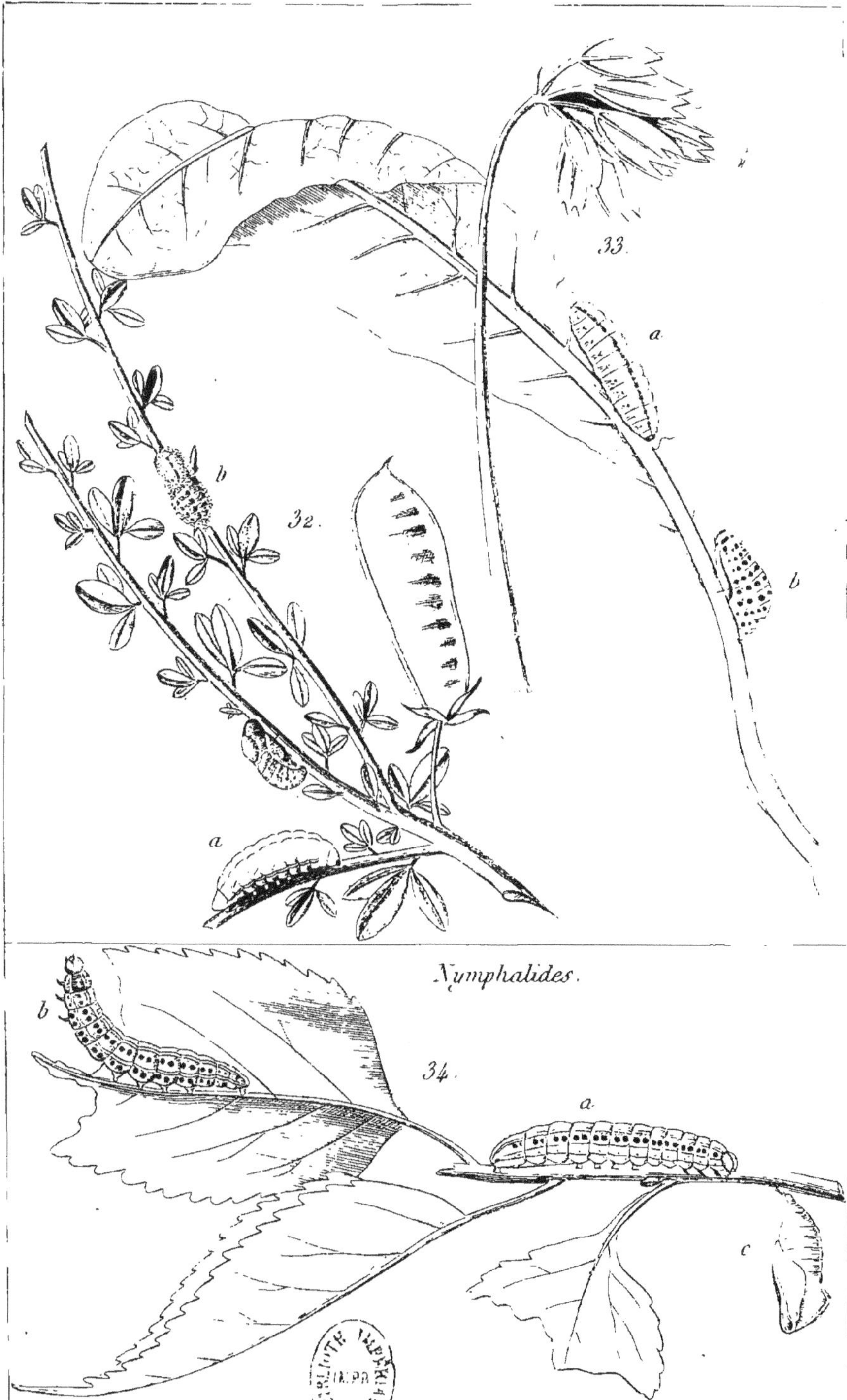

32.a.b.**Polyommate Xanthé** (*Xanthe*) 33.a.b.**Erycine Lucine** (*Lucina*)
34.a.b.c.**Libythée** du Micocoulier (*Celtis*)

Nymphalides.

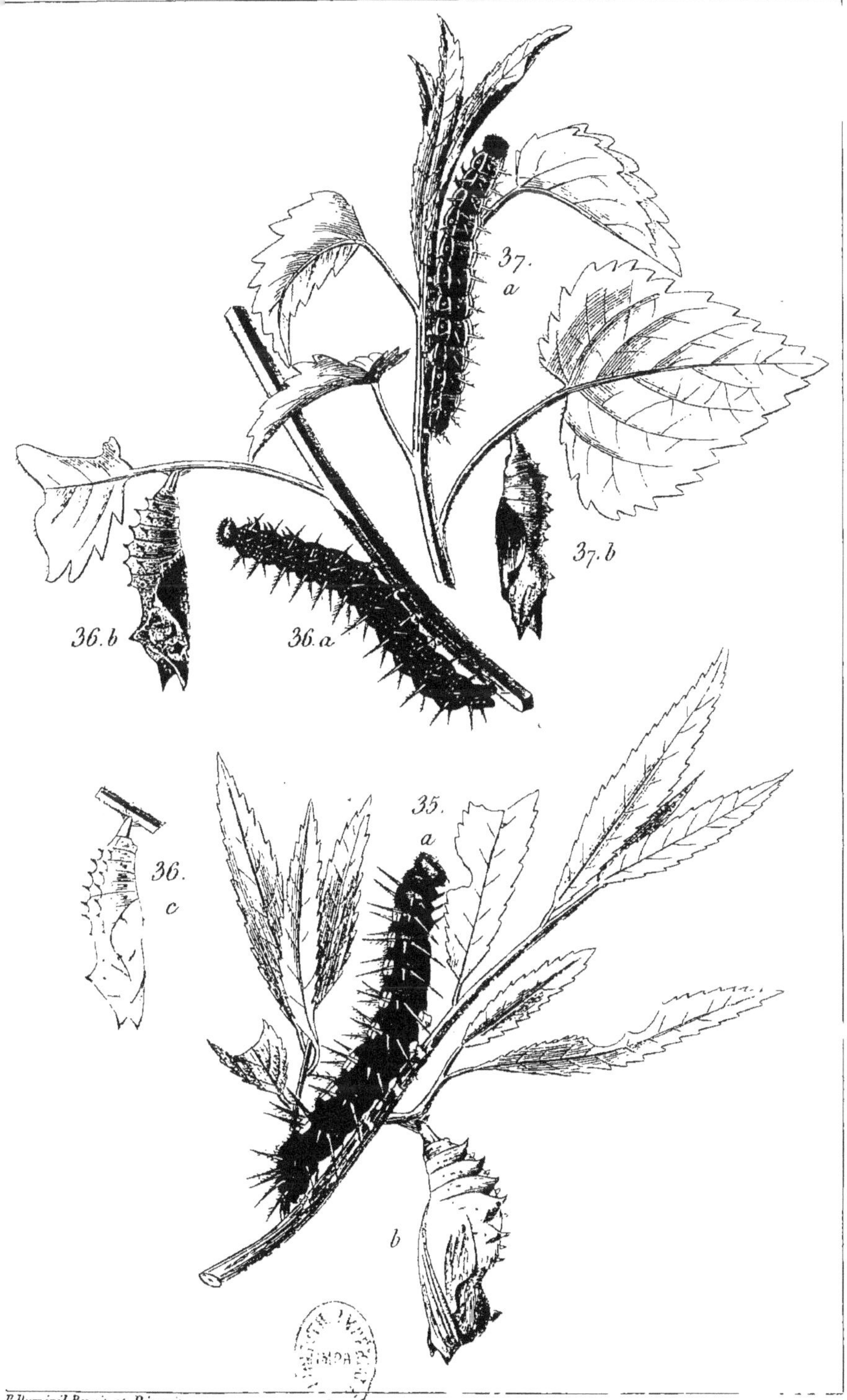

P. Duménil Pinxit et Direxit.

35. a. b. Vanesse Morio (Antiopa) 36. a. b. c. Id. Paon de Jour (io)
37. a. b. Id. Petite Tortue (Urticæ)

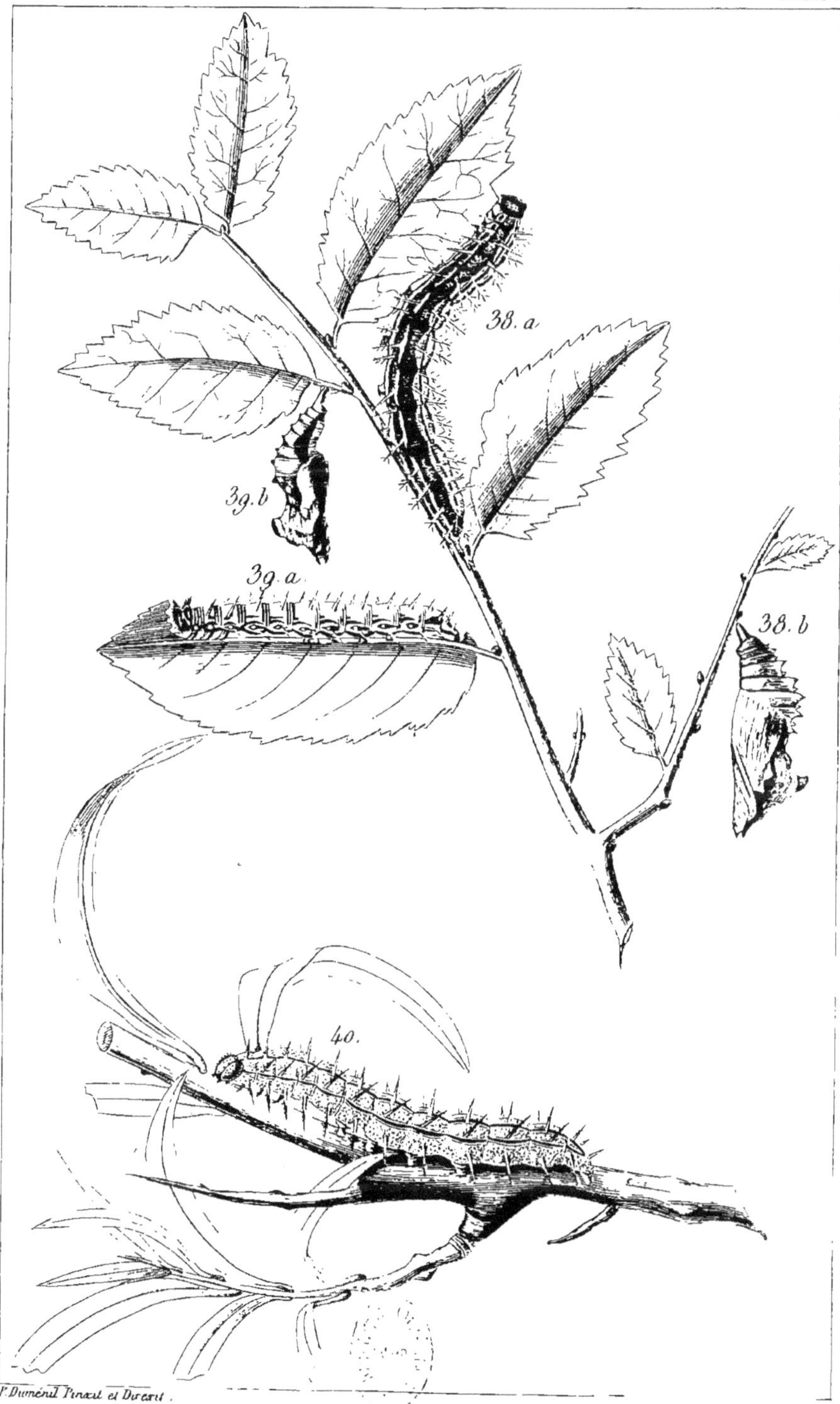

38. a . b. Vanesse Grande Tortue *(Polychloros)* 39. a. b. Id. Gamma *(C-Album)*
40 - Id. V. Blanc *(V-Album)*

P. Duménil Pinxit et Direxit.

41. a . b . c . Vanesse Vulcain (Atalanta) 42. a . b . c . Id. Belle-Dame (Cardui)

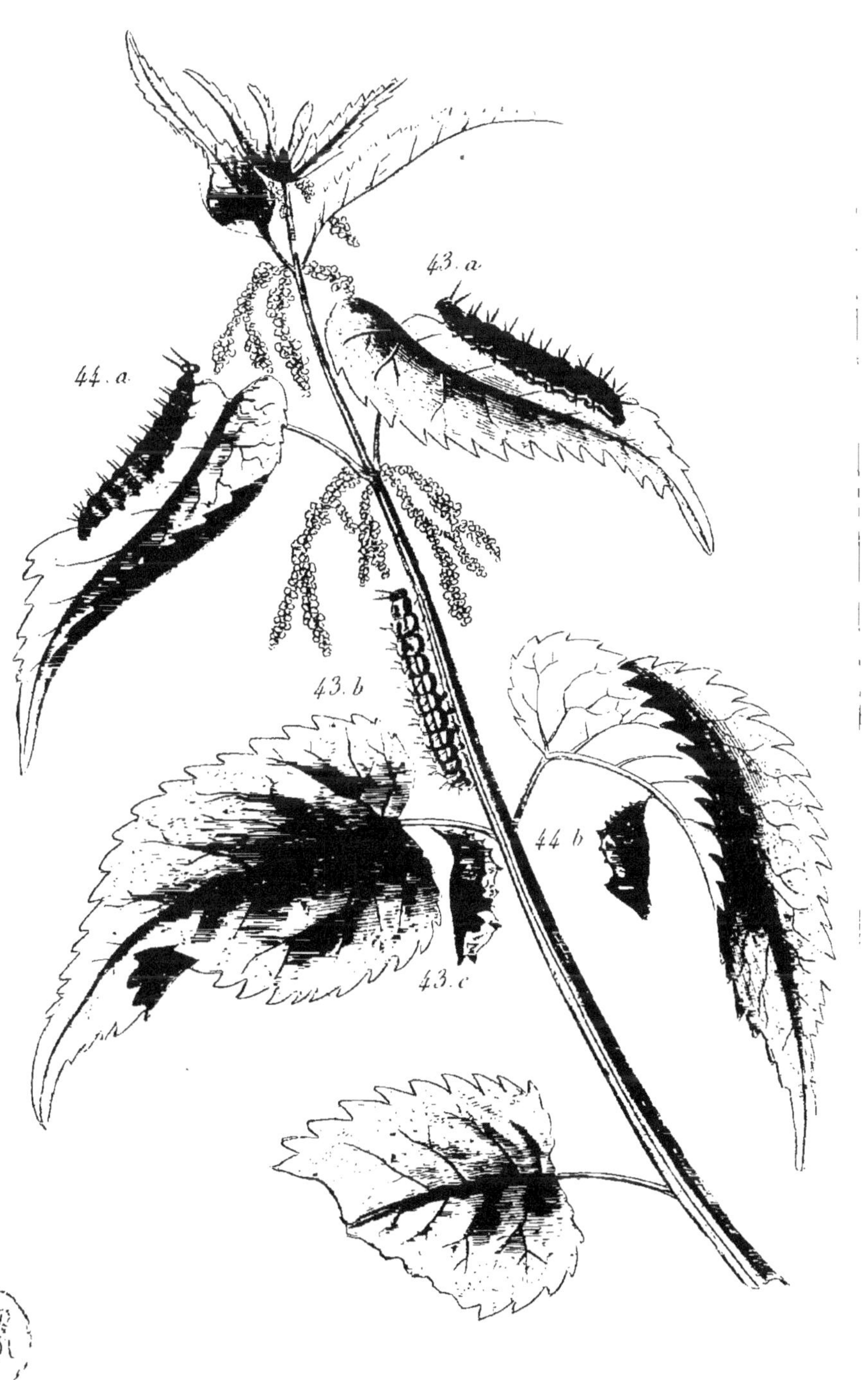

J. Dumenil Pinxit et Direxit.

43. a. b. c. Vanesse Carte-Géographique Brune (Prorsa)
44. a. b. Id, Id. Fauve (Levana)

P. Dumenil Pinxit et Direxit.

45. a. b. Argynne Tabac d'Espagne *(Paphia)* 46. a. b. Idem Aglaé *(Aglaia.)*

47 a. b. c. Argynne Adippé *(Adippe)* 48 Id Niobé *(Niobe)*

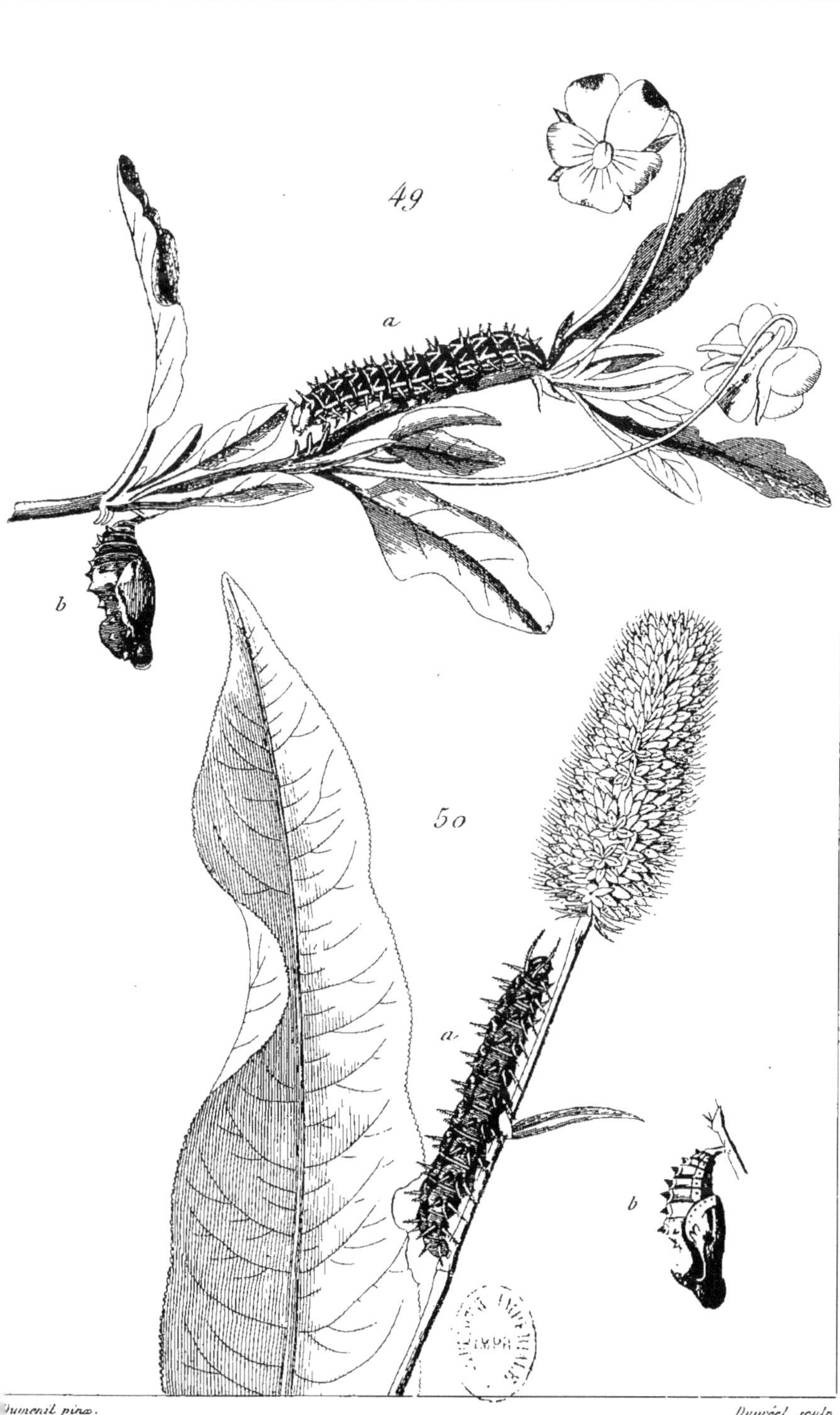

Dumenil pinx. Dupréel sculp.

49. a.b. Argynne petit nacré *(Lathonia)* 5o. a. b. idem Amathuse *(Amathusia)*

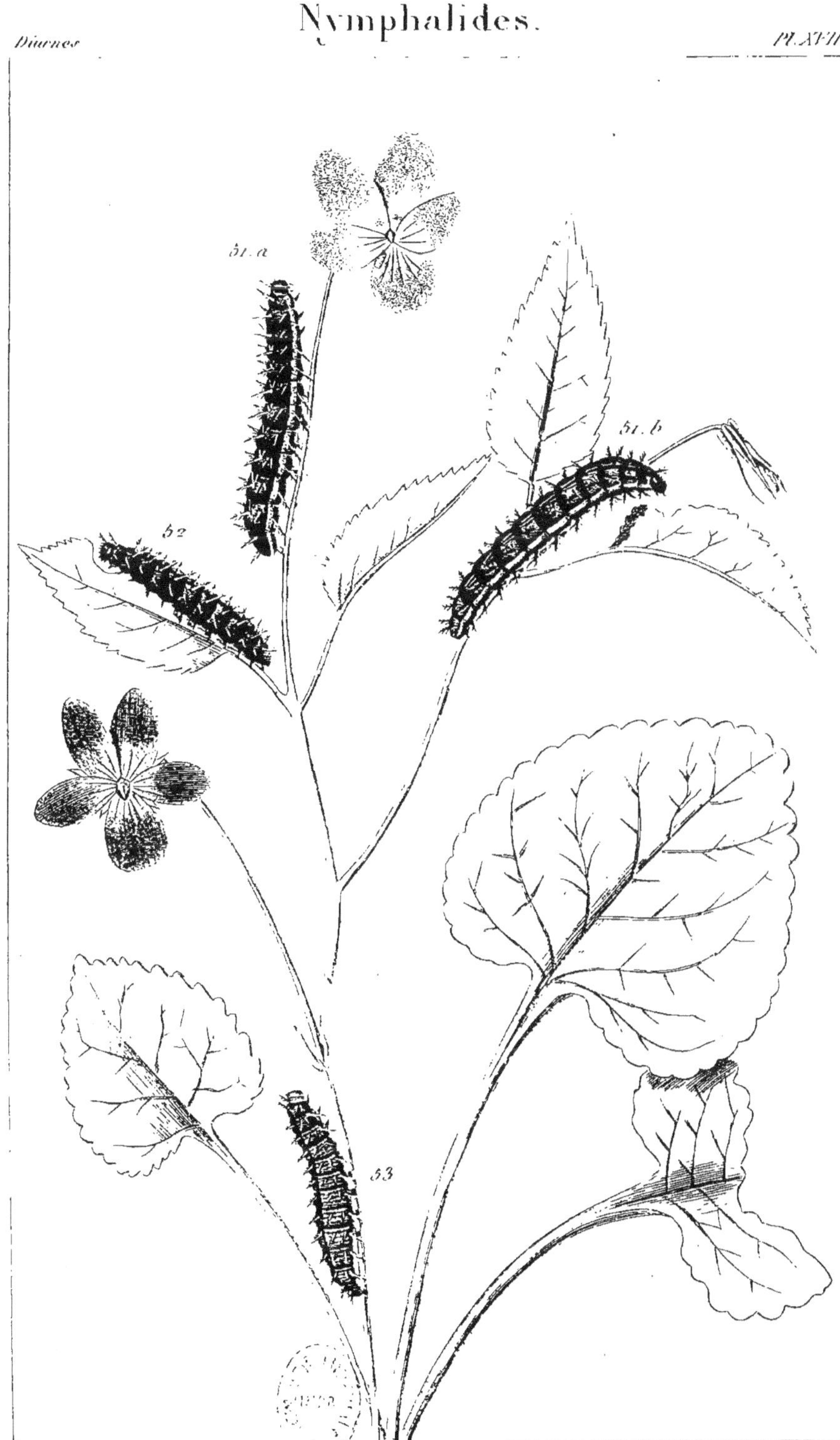

51. a. b. **Argynne** Collier argenté *(Euphrosyne)* 52. Id. Séléné *(Selene)*

53 **Idem** Petite Violette *(Dia.)*

54. a.b. Argynne ino (ino) 55. a.b. idem Daphné (Daphne)

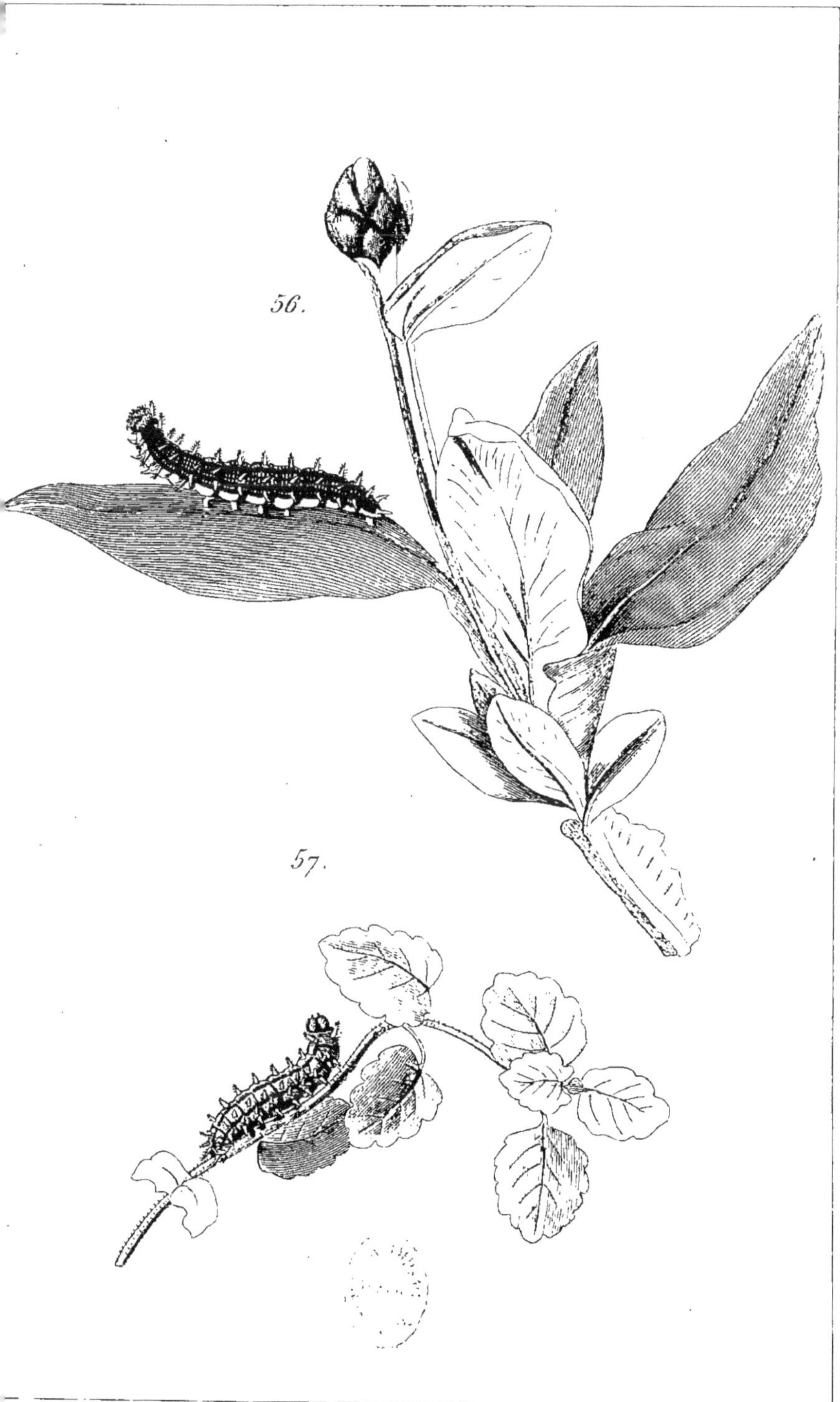

56.

57.

Dumenil pinx.   Dupreel sc.

56. Mélitée Phœbé *(Phœbe)*   57. id. Dictynne *(Dictynna.)*

P. Dumont pinx. Duprel sc.

58. a b. Mélitée Maturne *(Maturna.)* 59. idem Cinthie *(Cinthia.)*

Nymphalides.

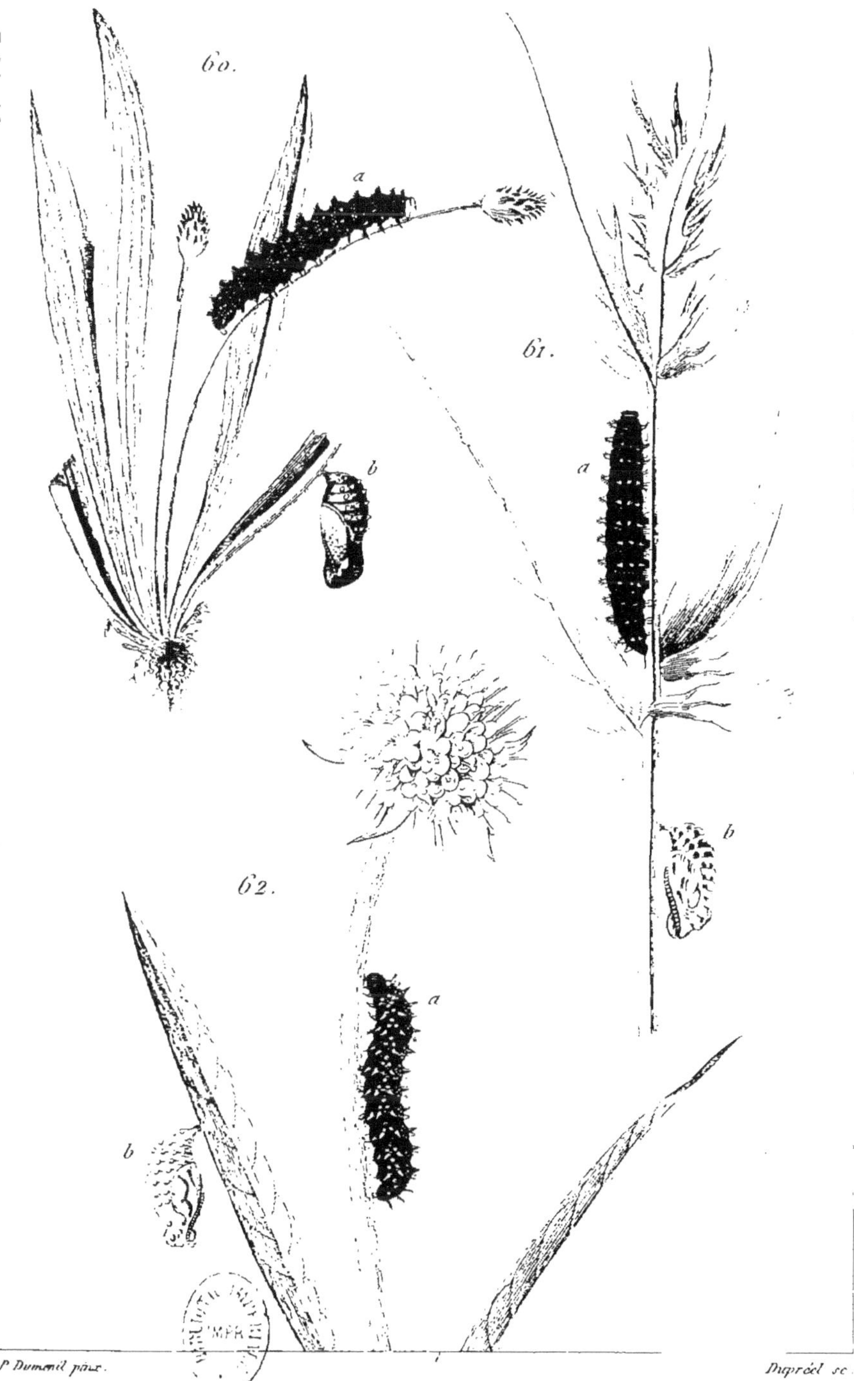

P. Dumenil pinx.   Dupréel sc.

60. a b. Melitée Cinxia (Cinxia.) 61. a b. id. Athalie (Athalia.) 62. a b. id. Artemis (Artemis.)

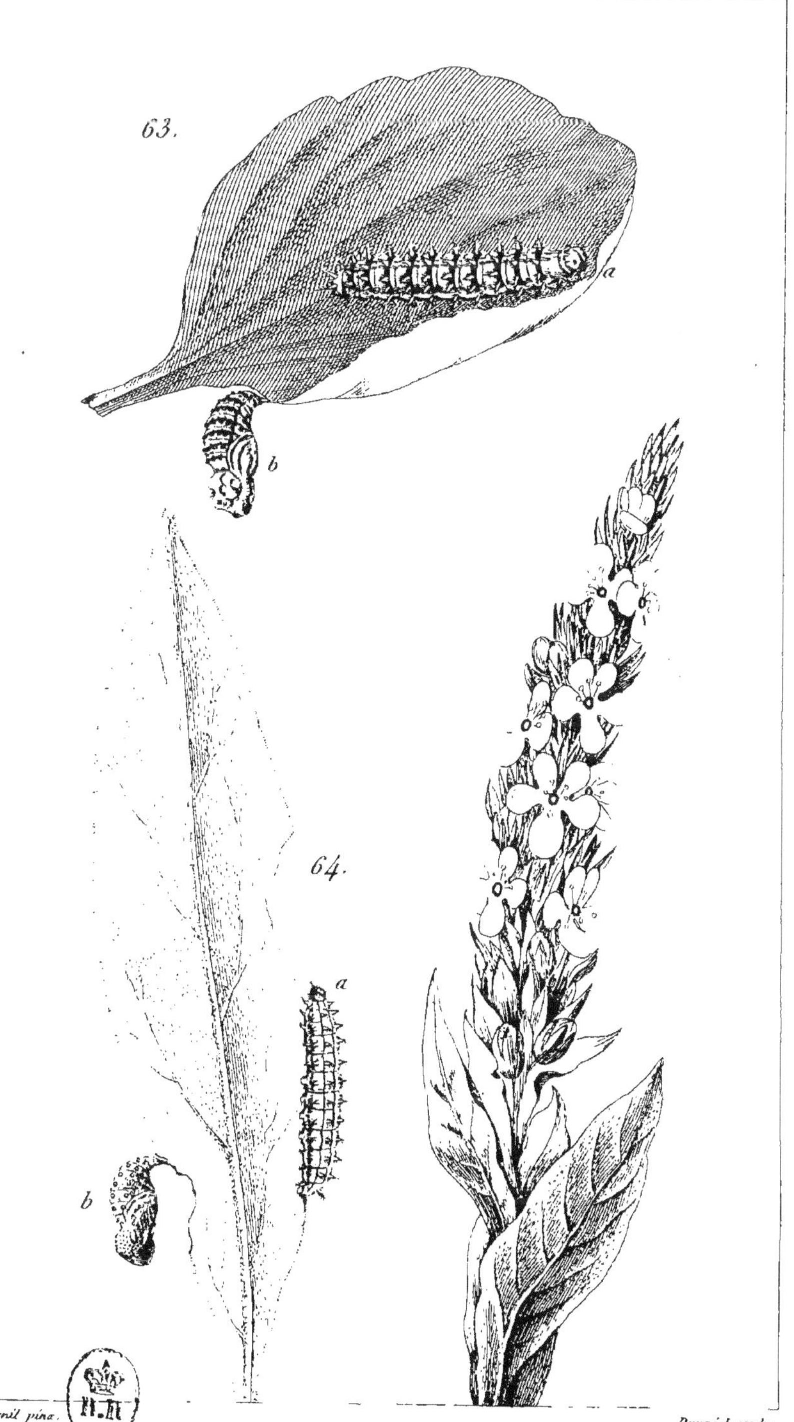

63. *a. b.* Mélitée Didyme *(Didyma.)* 64. *a. b.* idem. Trivia *(Trivia.)*

P. *Dumenil pinx.*   *Dupréel sc.*

65. *a. b.* Danaïde Chrysippe *(Chrysippus.)*   66. *a-c.* Liménite Petit Sylvain *(Sybilla.)*

67 *a. b.* Liménite Sylvain azuré *(Camilla.)*

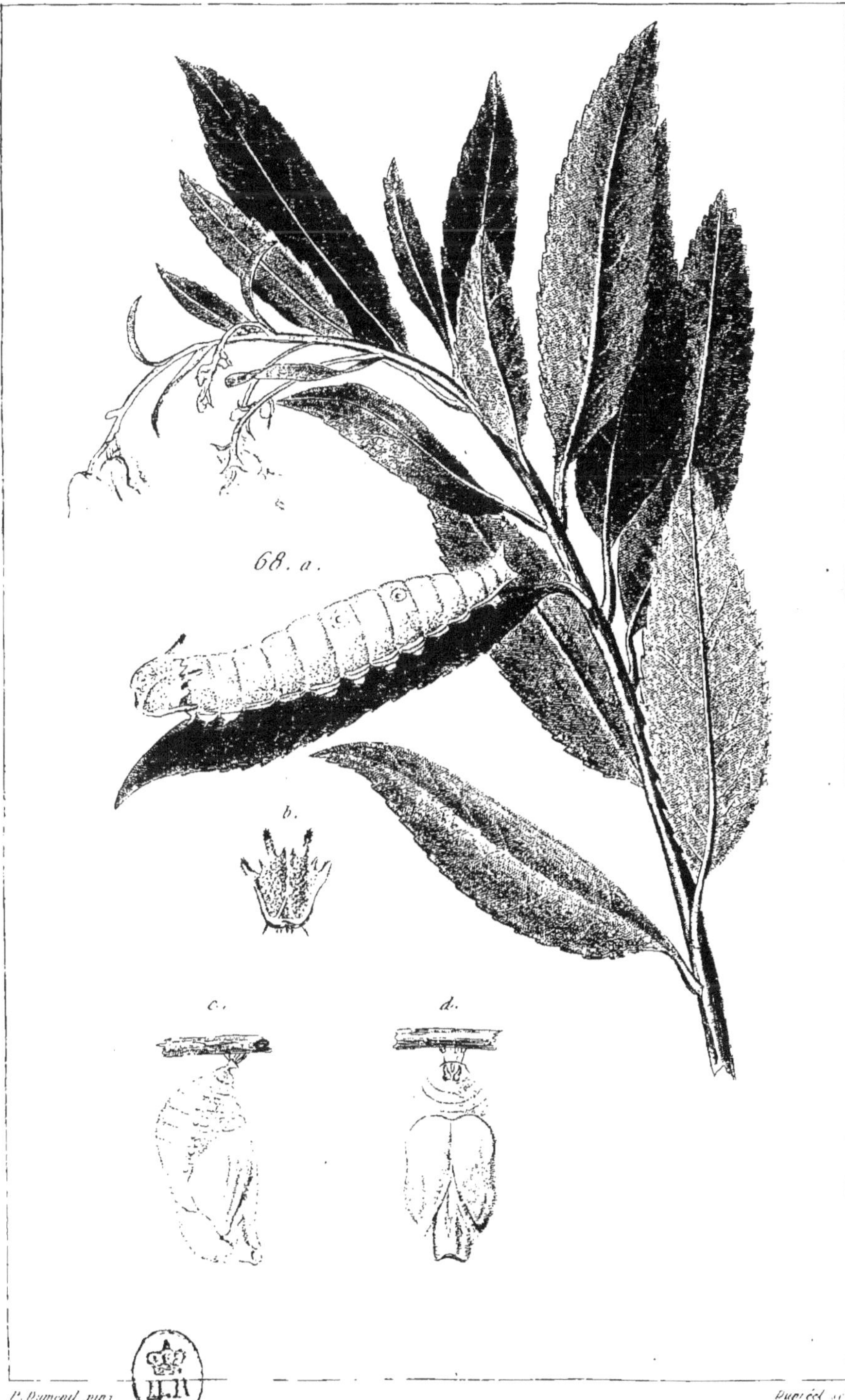

P. Dumenil pinx   Dupréel sc.

68. Paphie Jasius (Paphia Jasius) a. Chenille. b. Tête vue de face. c. d. Chrysalide.

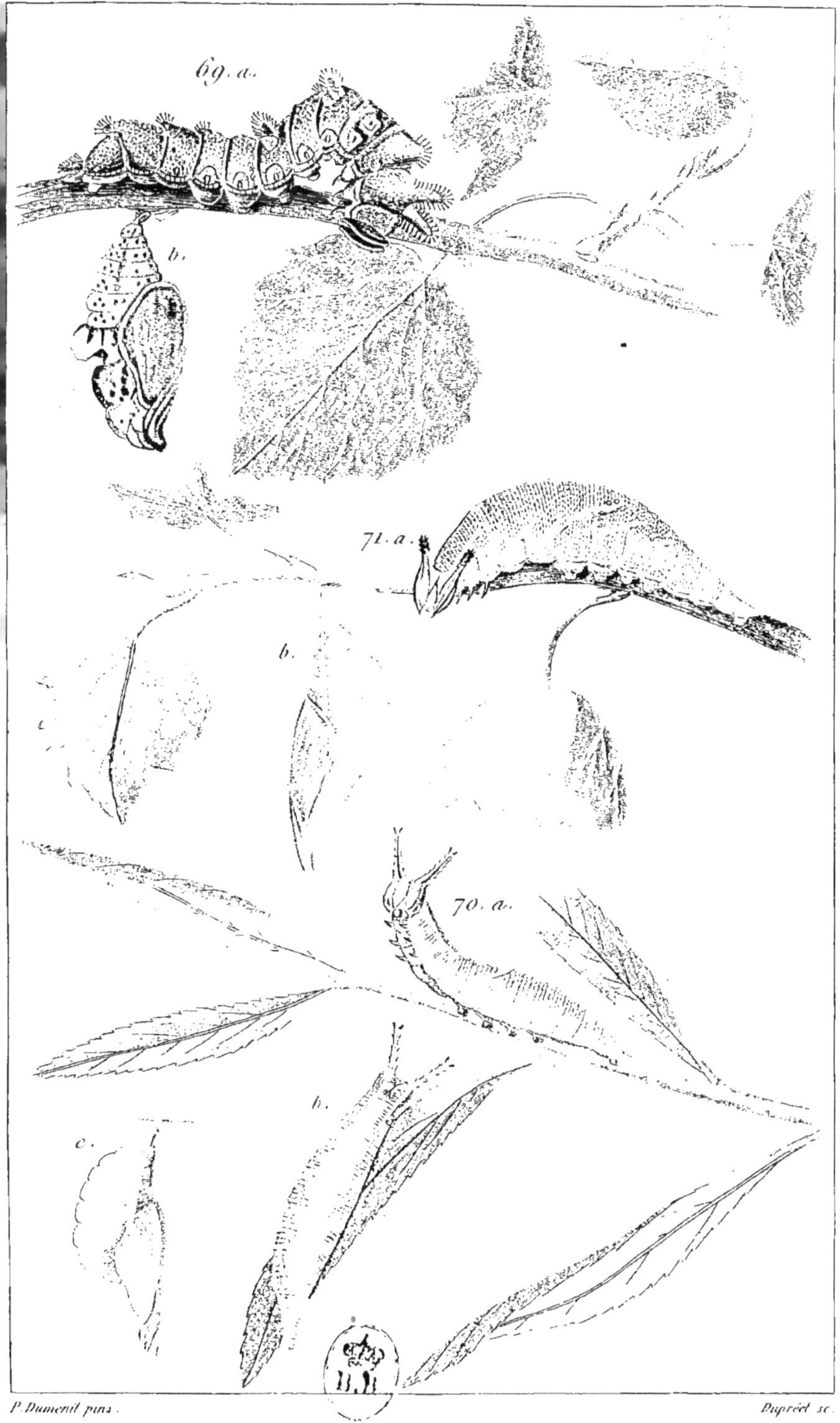

69. *a. b.* Nymphale Grand Sylvain. *(Populi.)* 70. *a–c.* Apature Petit Mars. *(Ilia.)*

71. *a. b.* Apature Grand Mars *(Iris.)*

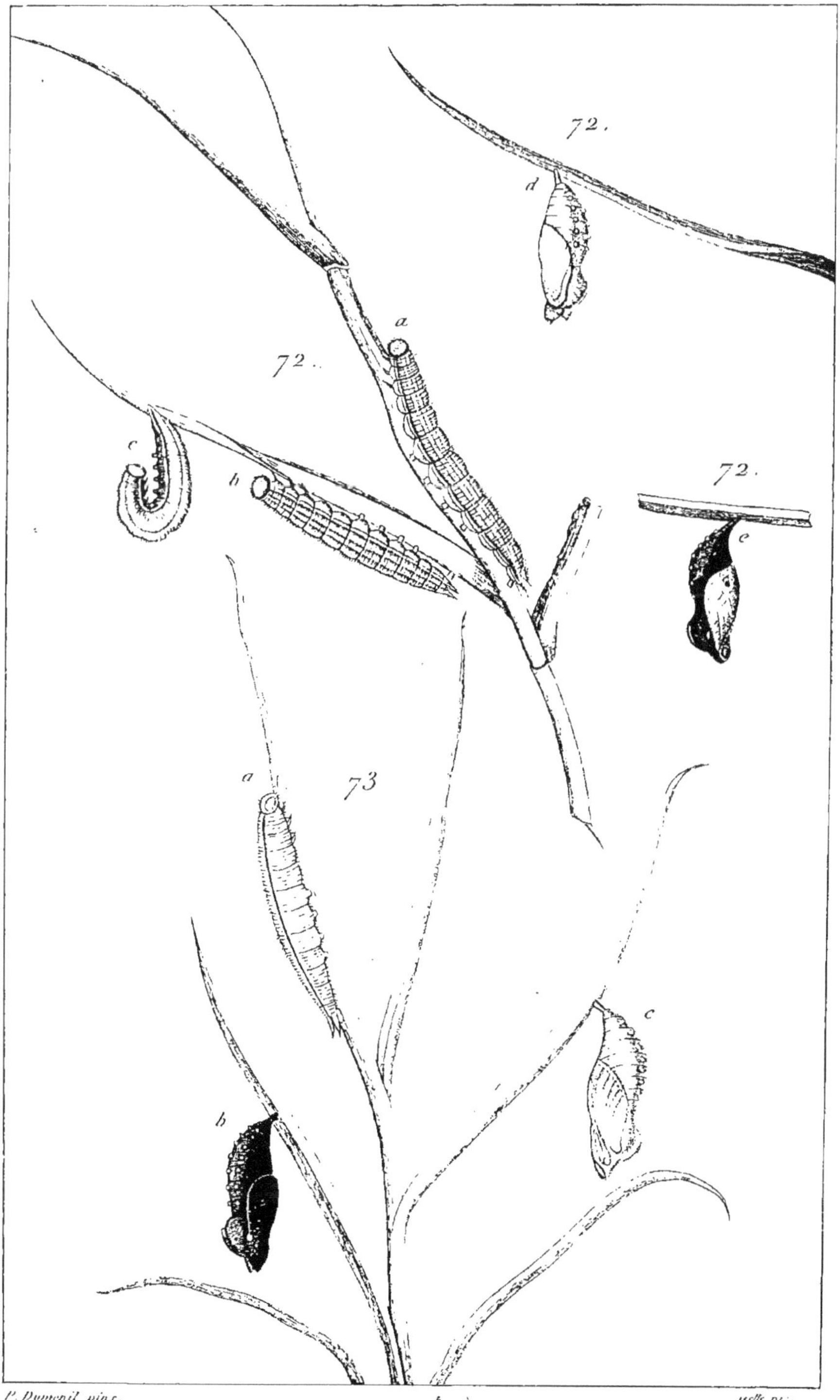

P. Dumenil pinx.

M.elle Plée sc.

72. a - e. Satyre Mégère (Megara)   73. a - e. idem Mœra (Mœra.)

P. Dumenil pinx.   M.elle Plée sc.

74. a-c. Satyre Amaryllis *(Tithonus)*, 75. a, b. id. Tristan *(Hyperanthus)*

76. a, b. id. Myrtile *(Janira)*, 77. a-c. id. Tyrcis *(Ægeria)*

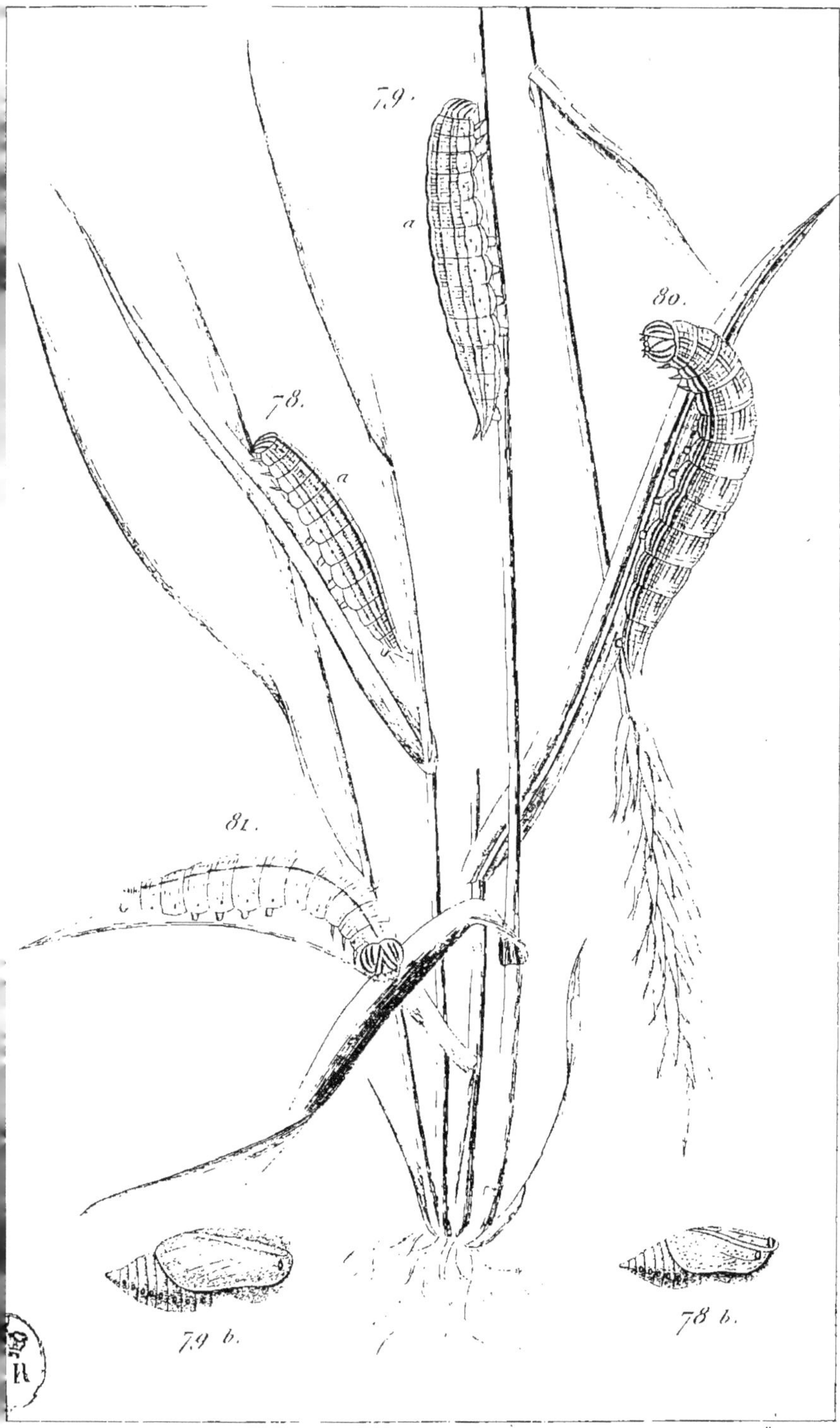

78. a,b. Satyre Agreste (Semele.)   79. a, b. id. Silène (Circe.)
80. id. Sylvandre (Hermione.)   81. id. Phœdra (Phœdra.)

Nymphalïdes.

Blanchard pinx.

Mlle Plée sc.

82. *a, b.* Satyre demi-deuil *(Galathea.)* 83. Satyre Bacchante *(Dejanira.)*

84. Satyre Ligéa *(Ligea.)* 85. Satyre Méduse *(Medusa.)*

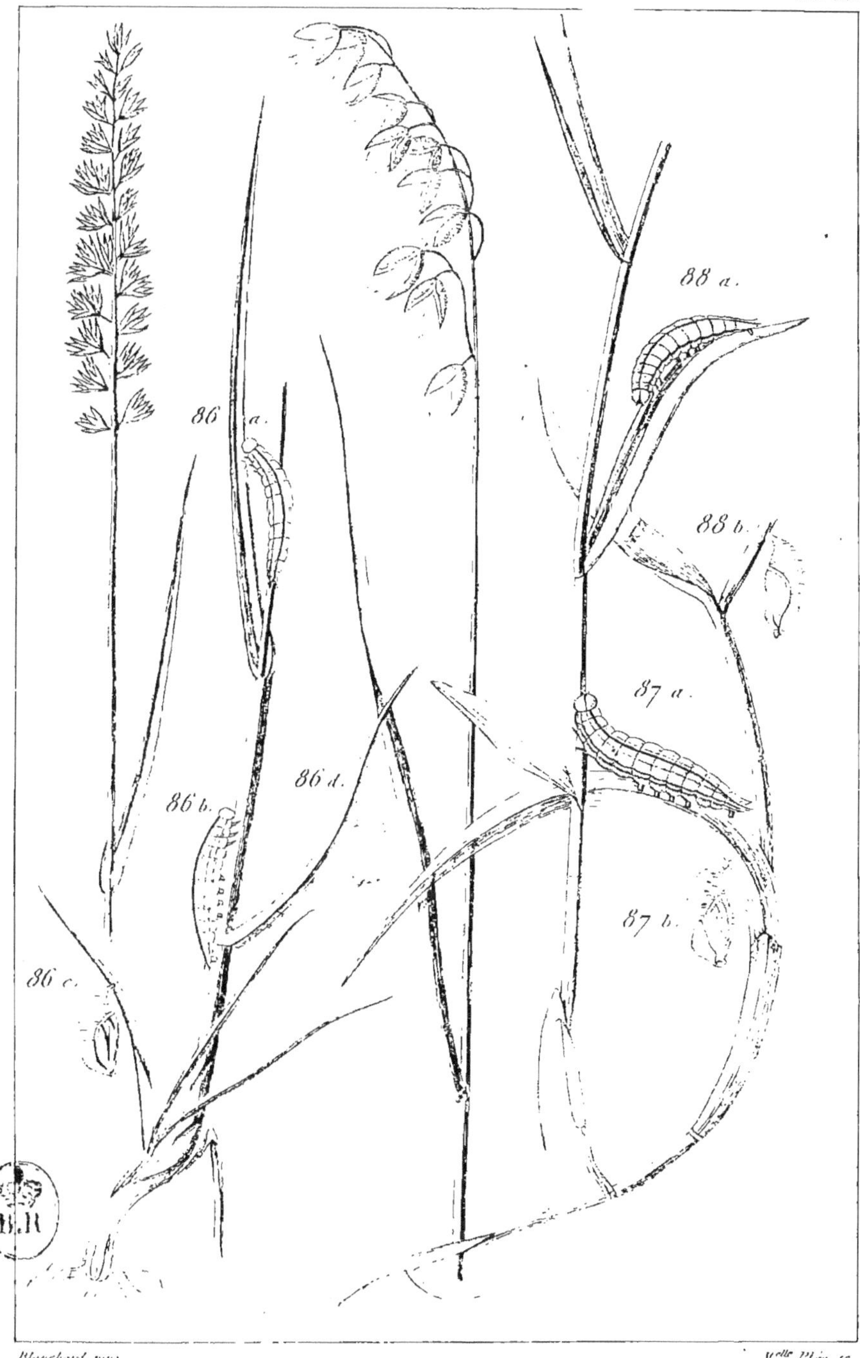

86 a–d. Satyre Pamphile *(Pamphilus.)* 87 a, b. Satyre Céphale *(Arcanius.)* 88 a, b. Satyre Iphis *(Iphis.)*

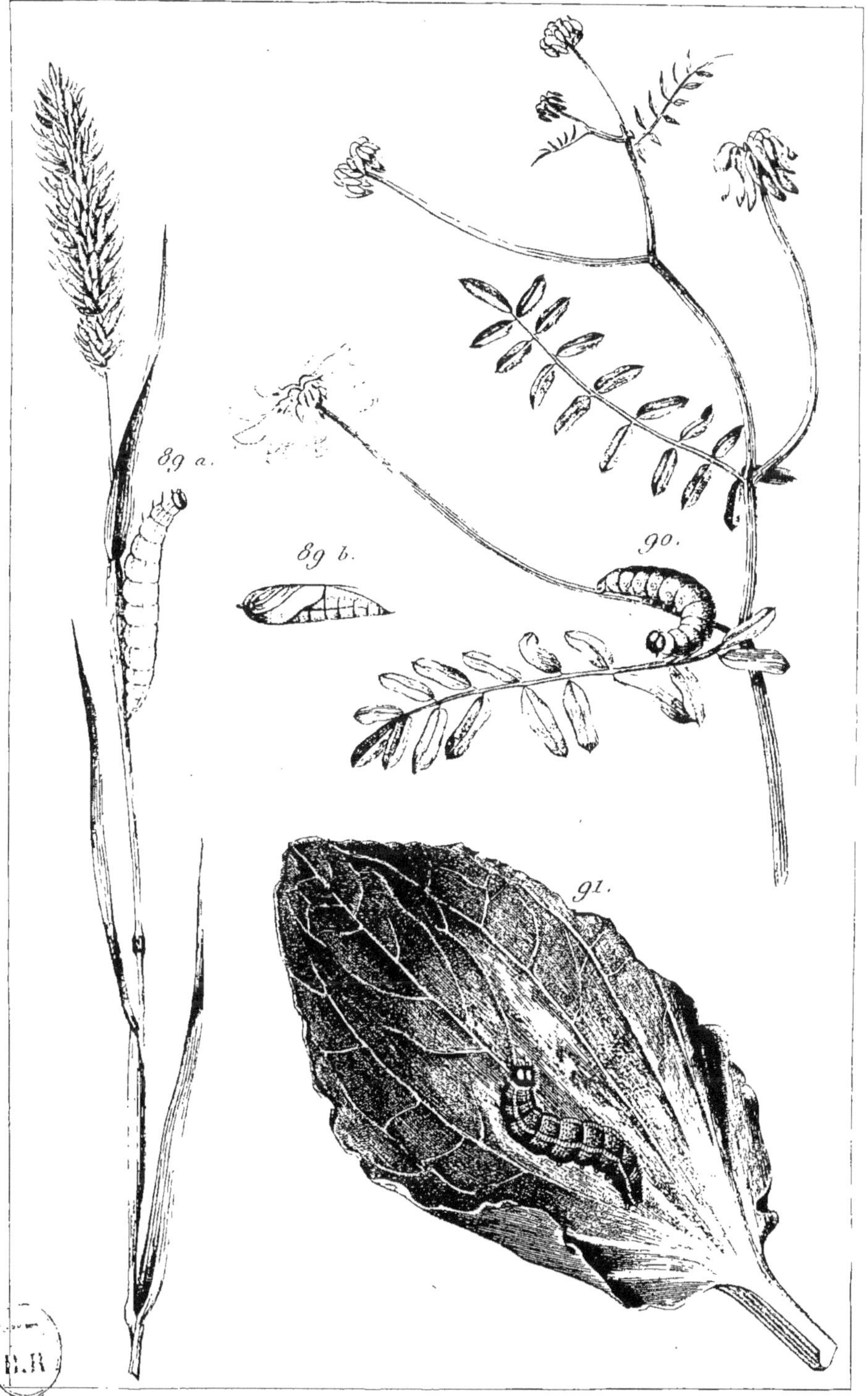

89 a.b. Hespérie bande noire *(Linea)* 90. id. Comma *(Comma)* 91. id. Echiquier *(Paniscus)*.

Delacue pinx.   M.elle Perrot sc.

92. *a–d.* Hespérie de la Mauve *(Malvæ)* 93. *a,b.* idem Grisette *(Tages.)*

Papillonides.

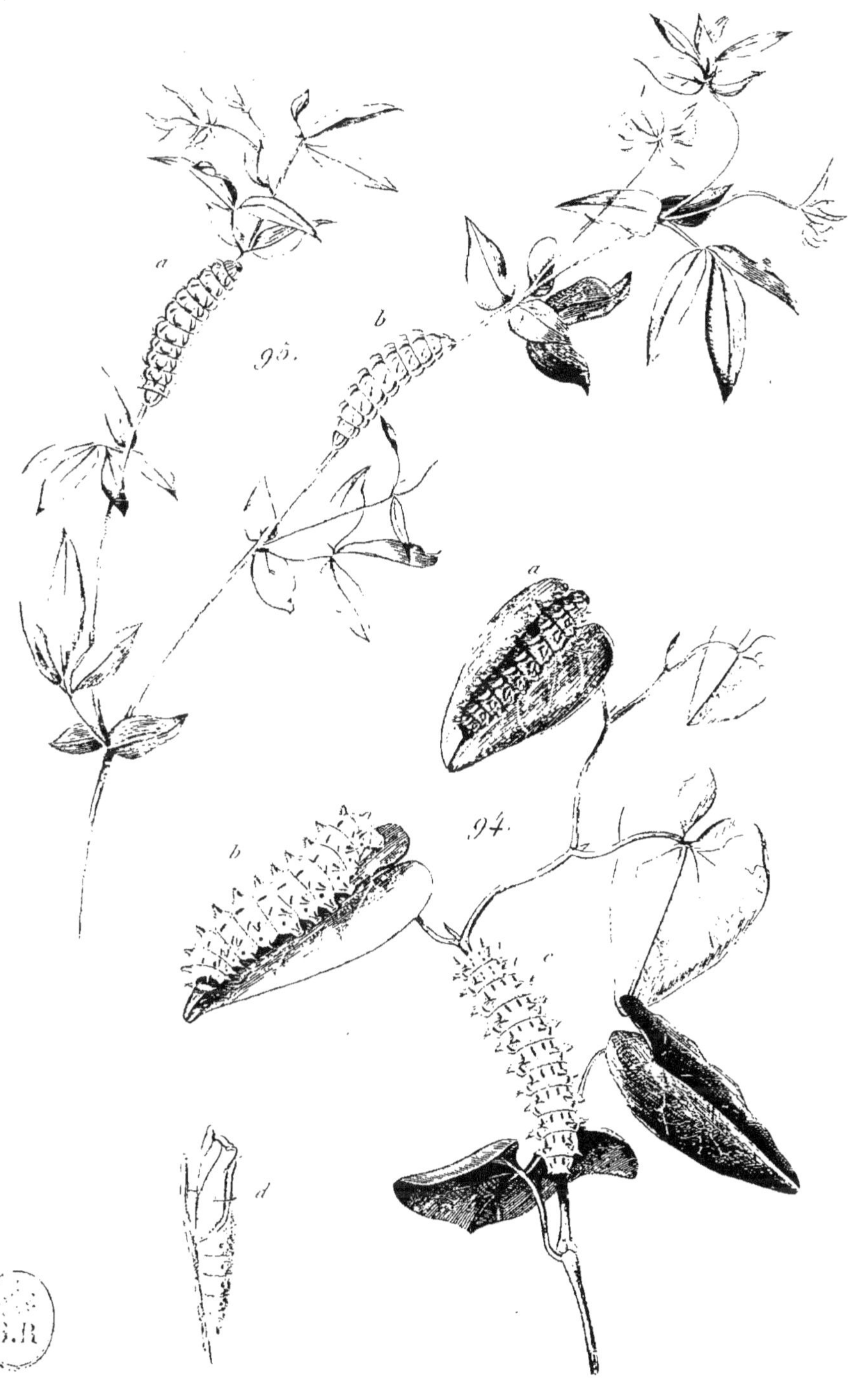

J. Delarue pinx.　　　　　　　　　　　　　　Cachue sc.

94. *a-d*. Thaïs Médésicaste *(Medesicaste)*　　95 *a, b*. Polyommate Ballus *(Ballus.)*

Nymphalides.

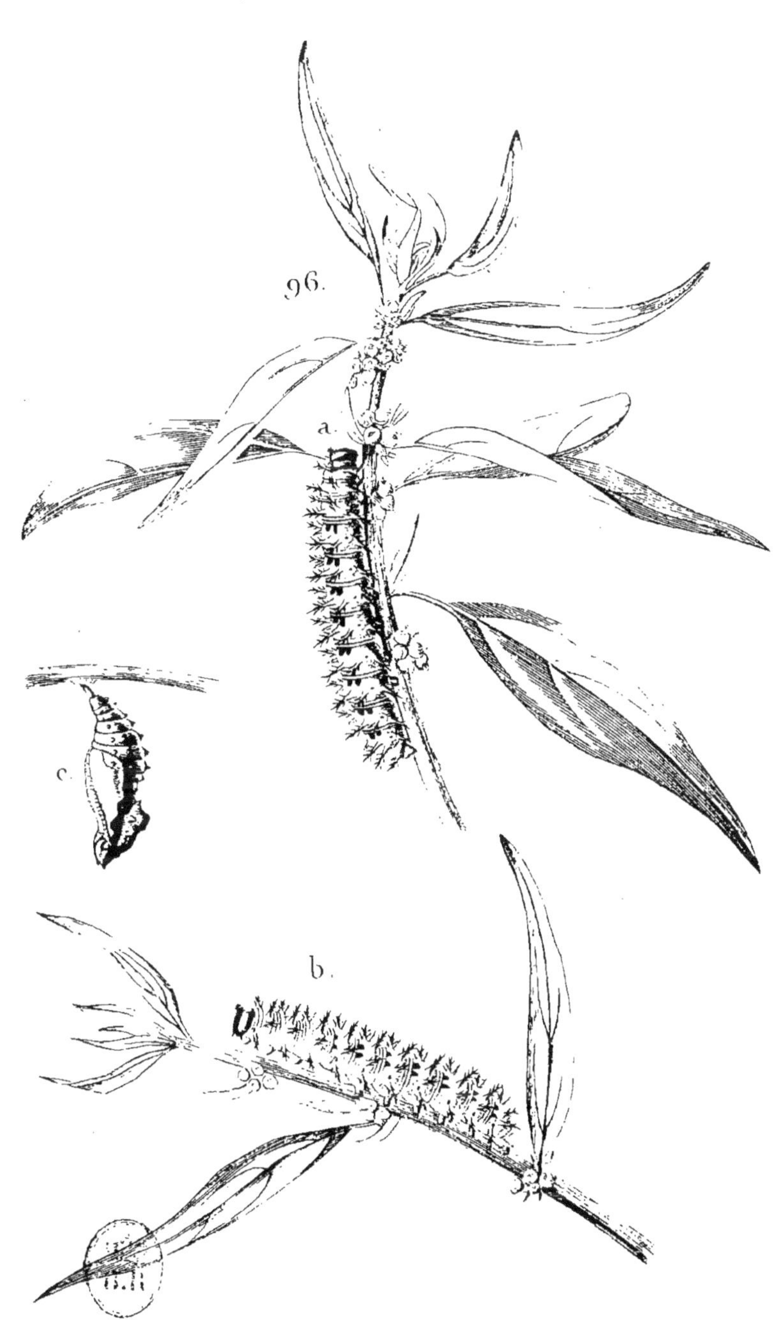

Delarue del.

Corbié sc.

96. a-c Vanesse L. Blanche *(Vanessa L. Album)*

Delarue del.   Corbié sc.

98. a. b. Piéride Bellézma *(Pieris Bellezina)*
99. a. b.   id.   Ausonia *(id. Ausonia)*

J. Delarue pinx.

Aug. Duménil sc.

99. a-c. Piéride Euphéno (*Pieris Eupheno*)
100. a. b. Coliade Cléopatre (*Colias Cleopatra*)